湘江流域传统民居及其文化审美研究

STUDIES ON TRADITIONAL FOLK DWELLINGS AND ITS CULTURAL AESTHETIC OF XIANGJIANG BASIN

伍国正 著

教育部人文社会科学研究："湘江流域"传统乡村聚落景观文化比较研究项目资助（项目批准号：14YJAZH087）

中国建筑工业出版社

U0202668

图书在版编目（CIP）数据

湘江流域传统民居及其文化审美研究 / 伍国正著. —北京：中国建筑工业出版社，2018.5
ISBN 978-7-112-21942-1

Ⅰ.①湘… Ⅱ.①伍… Ⅲ.①湘江—流域—民居—建筑艺术—研究 Ⅳ.① TU241.5

中国版本图书馆CIP数据核字（2018）第050719号

责任编辑：付　娇　王　磊
责任校对：李美娜

湘江流域传统民居及其文化审美研究
伍国正　著
*
中国建筑工业出版社出版、发行（北京海淀三里河路9号）
各地新华书店、建筑书店经销
北京点击世代文化传媒有限公司制版
北京中科印刷有限公司印刷
*
开本：787×1092毫米　1/16　印张：16　字数：302千字
2019年1月第一版　2019年1月第一次印刷
定价：68.00元
ISBN 978-7-112-21942-1
（31863）

序

　　大河流域文化的研究近年来方兴未艾，这是一件好事。地域建筑文化的研究决然离不开流域文化的研究。过去人们研究地域建筑文化较多地局限于行政区划的范围，往往忽视了一个重要的事实——地域文化常常不是以行政区划为界限的。从文化人类学和文化传播学的角度来看，在多数情况下，文化是在沿河流两岸人们的交往过程中传播发展的，大河流域是文化传播的通道和走廊。

　　湖南省内湘、资、沅、澧四大河流，每条河都有自己的流域范围，并在各自的流域范围内形成了各自的文化特征。它们造就了湖南各地丰富多彩的地域文化，也是湖湘文化广泛的社会基础。

　　这些各具特征的地域文化体现在人们日常生活的各个方面，生产方式、生活方式、风俗习惯、戏曲说唱、语言、信仰，甚至于饮食料理等，都显出各自的特色，多姿多彩。而各地的建筑作为一种物质生产，其中凝结着各种精神文化的因素，当然也就成为地域文化的结晶和产物，而且是物质文化和精神文化最集中的、综合性最强的产物。所以它被称为"物质文化遗产"。

　　湘江流域文化发育很早，上游的道县发现了迄今为止国内最早的、一万多年前的稻作文化遗址；下游的澧县发现了距今 6500～7000 年的城头山遗址，是国内目前发现的最早的古城遗址；中华民族的文化先祖——炎帝神农和上古圣王舜帝都葬在湘江上游地区；先秦时代这里是楚文化的重要区域，长沙周边地区被称为"屈贾之乡"；宋以后这里更是湖湘文化的中心地带……湘江流域历史悠久，人文荟萃，孕育着别具一格的地域文化。生活在山区、平原、湖区、丘陵的人民，世世代代，繁衍生息，创造了丰富的建筑文化和生活的艺术。流传至今，成为一份珍贵的历史遗产。

　　伍国正老师的这本书，正是立足于湖湘大地上多姿多彩的民居建筑，从村落格局到建筑环境，从空间构成到建造技艺，较为全面地总结了湘江流域各地民居的建筑特征，并划分出多种类型进行分析研究，这是过去这一区域民居建筑研究中所没有过的，具有较高的理论意义和学术价值。尤其是将民居建筑上升到文化审美的高度来分析，甚为可贵，是为地域民居建筑文化研究的有意义的探索。

2018 年 4 月

前　言

　　湖南地方传统建筑的研究，早在 20 世纪 50 年代即已着手进行。当时曾就各地县的各族民居建筑做过调查。嗣后，又就其他各类建筑，如寺院、祠堂、书院，乃至城镇村寨的公用建筑等，陆续开展调查研究工作。经过数十年尤其是近三十年的探索，积累了较为丰富的研究资料和研究经验。其中，成果类型最多的是地方传统民居研究。从现有成果看，湘西的传统民居等方面的研究成果较多，其他地区的传统民居研究成果主要体现在《湖南传统建筑》（杨慎初，1993）、《中国民居建筑（中）》（陆元鼎，2003）、《湖南传统民居》（黄家瑾等，2006）、《湘南民居研究》（唐凤鸣等，2006）、《永州古村落》（胡功田等，2006）、《湘南传统人居文化特征》（胡师正，2008）、《湖南古村镇古民居》（章锐夫，2008）、《两湖民居》（李晓峰，2009），以及大量的研究论文之中。2017 年湖南省住房和城乡建设厅主编的《湖南传统村落》，对湖南省现存较好的传统村落及其民居建筑有相对全面的介绍。

　　分析现有研究成果，可以看出，对于湖南汉族传统民居及相关方面的研究，片区研究成果较多，区域整体性研究不足；区域范围内传统民居的生成环境系统、空间构成及其形态特点、建筑艺术特点等方面的论述不够突出，对其生成与演变机制研究也相对不足。

　　湘江通过洞庭湖与长江相连，在湖南省的流域面积近全省总面积之半。湘江流域属于典型的亚热带季风湿润气候，除南部山区外，地形地貌大都为起伏不平的丘陵山地。秦汉以来，随着"灵渠"的开通和攀越南岭"峤道"的修筑，具有流域特点的文化交流与发展的"走廊"逐渐形成。可以说，湘江流域是古代"南岭走廊"湘桂段和湘粤段的序曲。总体说来，宋代以前湖南的发展，主要是集中在洞庭湖地区和湘江流域（张伟然，1995）。历史上，湘江流域是古代荆楚文化与百越文化的过渡区，是四次大规模"移民入湘"的主要迁入地。受多样的地理环境、气候条件和多元文化的影响，湘江流域传统乡村聚落在空间形态、建筑艺术、价值取向和文化精神等方面的时空特色明显。尤其是南部山区，过去由于交通不便，与外界的交流较少，文明发展较慢，属于相对独立的小"文化龛"，传统聚落景观类型多样。保存较好的传统乡村聚落集中国传统文化、楚粤文化、环境艺术、审美情趣于一体，是地区文化的物质载体和重要的文化遗产。研究具有重要的理论和实践意义。

　　地域传统乡村聚落及其景观环境是地域自然地理环境和历史人文环境

综合作用的产物。在当前中华优秀传统文化的"挖掘和阐发"、"传承和弘扬"、"创造性转化和创新性发展"要体现"民族特色和文化精神",以及"建筑文化和城市文化出现趋同现象和特色危机"、地域建筑创作需要加强"地域风貌与特征"营造的时代背景下,研究地域传统乡村聚落及其景观环境的特点及其形成机理,归纳其区域特征和文化内涵价值,总结营建经验,有利于为地区传统乡村聚落及相关地域文化景观的保护和更新提供文化支撑,对其保护与修复提供方法和途径,促进其可持续发展;有利于存留历史景观的文脉意蕴,为体现地域特色的"美丽乡村"等现代宜居社区的规划、建设和管理提供启发和借鉴;有利于地区发展乡村"文化旅游"产业,提升区域发展竞争力;同时有利于发挥乡村景观的文化与教育意义,建立与现代化相适应的道德价值观念、文化审美观念和景观环境生态观念,促进社会和谐发展,并教育后人。

本着主体研究与客体研究并重、个案研究与区域范围整体性比较研究并行、史论结合的原则,本书在前期调研与研究的基础上,选取湘江流域现存传统乡村聚落及其景观环境为研究对象,从"文化审美"的三个层面展开研究:宏观层面立足于历史发展中的区域传统乡村聚落的生成环境系统研究,体现其形成和发展的区域自然地理环境特点和历史人文地理环境特点;中观层面立足于影响区域传统乡村聚落营建的文化传统和文化核心要素研究,体现其空间结构形态特点,以及建筑空间、建筑装修装饰等所蕴涵的哲学思想、文化内涵和价值取向;微观层面立足于区域传统民居建筑景观的具体构成要素研究,突出其主要构成要素的建造特点,体现其建筑的文化审美特征。

全书包含五个研究主题:湘江流域自然与人文环境——湘江流域传统民居建筑环境与空间构成——湘江流域传统村落及大屋民居的空间结构形态——湘江流域传统民居建筑技艺——湘江流域传统民居建筑的文化审美。不仅详细分析了湘江流域现存传统民居及其景观环境的建造特点,而且突出其生成环境、文化内涵、功能价值、社会属性、地域特征和文化审美意蕴研究;对湘江流域传统民居及其景观环境"是什么(what)"和"为什么(why)"等问题进行了初步分析与总结;从文化审美视角突出了区域传统民居及其景观环境的"精神与灵魂",对今后的相关研究具有一定的借鉴意义。书中的年代表示方法为:"公元前221年"简称为"前221年","公元280年"简称为"280年"。

在调研过程中,曾得到时任永州市文物管理处赵荣学处长、曾东生副处长、杨韬科长,永州市零陵区文物管理所许永安所长、李仁副所长,双牌县住房和城乡建设局(书中简称"住建局")局长蒋跃先,汝城县住建局叶维主任、何茂英主任,汝城县土桥镇先锋村村支书周波,汝城县土桥镇土桥村村民何建华，宜章县住建局局长廖振忠，宜章县黄沙镇沙坪村村支书李国鸿、村会计李博，资兴市流华湾景区袁伟游主任，东江湖安泰旅行社唐春霞经理，岳阳县张谷英镇书记方正春、镇办公室何水滔先生、记者谢丽华女士，张谷英民俗文化建设指挥部有关同志，浏阳市桃树湾大屋的刘光明老人、沈家大屋的沈敬民先生、彭家大屋的彭传骥先生以及其他一些不知名人士的热心帮助，在此一并致以衷心的感谢！

2015 年，课题组参与湖南省住房和城乡建设厅组织主编《湖南传统村落》时，村镇处吴立玖副处长提供的许多湘江流域市县住建局收集的图片资料，为本书写作提供了很好的支撑，在此深表感谢！

感谢课题组的辛勤付出！感谢同事们的大力支持！感谢研究生王立言、王萌、谭绥亨、谭鑫烨、李曦燕、廖静、沈盈、刘洋、张璐、朱昕，本科生薛棠皓、赵琦、尹政、黄璞等人参与调研和资料收集整理！他们的帮助也是本书得以顺利完成的基础。

湖南大学建筑学院博士生导师、党委书记兼副院长柳肃教授，是中国科学技术史学会建筑史专业委员会主任委员、国家文物局古建筑专家委员会委员、住房和城乡建设部传统村落民居工作委员会委员。长期从事建筑历史、古建筑和历史城镇村落修复保护的教学和研究工作，在国内外出版了《中国民族建筑·湖南分卷》、《湘西历史城镇、村寨与建筑》等学术专著 14 部。柳教授欣然为本书作序，在此表示特别感谢！

本书写作中参考和引用的文献不少，笔者尽量将其列出，以示对前人辛勤劳动的尊重和谢忱，不到之处，笔者在此表示歉意。

由于时间有限，书中还有诸多不足之处，如调研有待深入、研究有待深化、理论有待提升等，需要在后续的研究中加强。祈望各位同行专家批评指正。

2018 年 4 月

目　录

第一章　湘江流域自然与人文环境

现在一般认为，文化景观是指人类为了满足某种需要，在自然景观之上叠加人类活动的结果而形成的景观[1]。人类活动包括生产活动、生活活动和精神活动，文化景观必定或显或隐地蕴涵着历史中积淀下来的人类的文化心理与文化精神。地域文化景观是在特定的地域环境与文化背景下形成并留存至今，是人类活动的历史记录和文化传承的载体，具有重要的历史价值、文化价值和科研价值[2]。地域文化景观是地域历史物质文化景观和历史精神文化景观的统一体，体现了人的地方性生存环境特征。

地域传统民居是地域文化景观。区域的自然地理环境是传统民居文化景观形成和发展的物质基础，区域民族文化的涵化过程是地域传统民居文化景观形成和发展的文化基础。湖南省湘江流域自然条件优越，植物和矿物质资源非常丰富；历史文化悠久，文化底蕴也很深厚。本章介绍湘江流域传统民居形成和发展的自然地理环境和人文地理环境特点。

第一节　自然地理环境

一、地理位置与气候特点

（一）地理位置

湘江又称湘水，是长江中游南岸重要的支流，地理坐标为北纬24°31′~29°、东经111°30′~114°之间，流经湖南省东南部地区，是湖南省境内最大的河流，在湖南省的流域面积占全省总面积的40.3%，流经17县市，最后注入洞庭湖。其源头有两种说法：一是发源于广西壮族自治区东北部临川县的海洋山，主源海洋河，源出广西临川县海洋乡的龙门界，全长817km，通过"灵渠"与珠江相连；二是发源于湖南省永州市蓝山县的野狗山，上游称潇水，全长948km。两种说法的源头都在南岭。

湖南省，因大部分地区在洞庭湖之南，故称湖南，又以境内湘江贯通

---

[1]　汤茂林. 文化景观的内涵及其研究进展 [J]. 地理科学进展，2000，19（01）：70-79.
[2]　王云才. 传统地域文化景观之图式语言及其传承 [J]. 中国园林，2009（10）：73-76.

南北,而简称"湘"。境内四大水系:湘水、资水、沅水、澧水,均流注洞庭湖进入长江。

湘江是其流域内生产生活供水的主要水系,是古代两湖与两广的重要交通运输通道,春秋战国时期即得到开发,也是一条重要的军事要道,具有重要的军事意义。《史记·南越列传》载:汉武帝为讨伐"吕嘉、建德等反","元鼎五年秋,卫尉路博德为伏波将军,出桂阳,下汇水;主爵都尉杨仆为楼船将军,出豫章,下横浦;故归义越侯二人为戈船、下厉将军,出零陵,或下离水,或抵苍梧;使驰义侯因巴蜀罪人,发夜郎兵,下牂柯江:咸会番禺"。这里明确指出了经湖南到达南越的两条航道:西线溯湘江而上,经零陵、离水到达西江(郁水);东线溯湘江出连江(汇水、洭水)或浈水,到达北江(秦水)。罗庆康先生在《长沙国研究》一书中指出:"据考察,长沙国地区至少有四条陆路交通线:一为长沙——巴陵线,……四为长沙——南越交通线,长沙国守卫南部边境,其兵员、粮饷的运送均通过此线。"[1]但罗先生在书中并未说明从长沙到南越的具体交通线路。实际上,自秦开通"灵渠"和两次开通攀越五岭的"峤道"之后,两汉时期曾有五次新修和改建南岭交通,岭南与内地的联系不断加强,具有流域特点的文化发展走廊逐渐形成[2]。已故著名民族学家、社会学家费孝通先生在其"中华民族多元一体格局"的思想中,曾五次将"南岭走廊"阐述为中国民族格局中的三大民族走廊之一。可以说,湘江流域是古代"南岭走廊"湘桂段和湘粤段的序曲。

本书中的"湘江流域"按 2013 年国务院水利普查办和水利部认定的湖南省第一次水利普查成果中的说法,即前面的第二种说法,包括湘江干流及其支流所在的地区,含湘南的永州市、郴州市、衡阳市,湘中的湘潭市、株洲市和长沙市,湘东北的浏阳市和岳阳市。其中,郴州市南部的临武县、宜章县、汝城县和桂东县等地区离湘江干流较远,但都在南岭以北的"马蹄形"盆地之中或边缘,都是湘江主要支流的发源地和流经区域,如春陵水、耒水、洣水等。它们在历史上有时与长沙也属同一区划,如五代十国时,同属长沙府,两宋时,同属荆湖南路。可以说,本书研究的是泛"湘江流域"地区。

(二)气候特点

湖南省气候属大陆型亚热带季风湿润气候,四季分明,日照充足,严寒期短,无霜期长,雨量充沛。春温多变,夏秋多旱。冬季北风,凛冽干寒,冷空气影响较大,但为期不长。夏季南风,潮湿闷热,而且延续时间较长,

[1] 罗庆康. 长沙国研究 [M]. 长沙:湖南人民出版社, 1998:137.
[2] 王元林. 秦汉时期南岭交通的开发与南北交流 [J]. 中国历史地理论丛, 2008, 23 (04):45-56.

尤其湘中地区和洞庭湖区。

　　湘江流域位于湖南省东南部地区，南岭以北，处在东南季风和西南季风相交绥的地带，属于典型的亚热带季风湿润气候。雨量丰沛，夏热冬冷，暑热期长，且高温多湿。多年平均气温为17.4℃，多年平均蒸发量为1275.5mm，多年平均降雨量为1441mm，且降水量时空分布不均，年际变化较大，旱涝灾害发生频率高[1]。其中，南部受东亚季风环流（永州地区）和南亚热带气候(郴州地区)的影响较大，属亚热带大陆性季风湿润气候区，且南部山区有向南亚热带、热带过渡的特征，所以湘南地区气候类型多样，立体层次明显[2]。

二、地形地貌与水系特点

（一）地形地貌特点

　　湖南省处于云贵高原向江南丘陵和南岭山地向江汉平原的过渡地区，地貌轮廓为东、南、西三面山地围绕，中部为丘陵盆地，北部地势低平，为洞庭湖平原；地势向北倾斜而又西高东低，呈朝北开口、不对称的马蹄形。可分湘西山地、南岭山地、湘东山地、湘中丘陵、洞庭湖平原5个地形区[3]。省境内以山地、丘陵地形为主，山地、丘陵及岗地约占总面积的七成，水面约占一成，适合水稻生长的田地约占两成，俗称"七山一水二分田"。目前湖南省的森林覆盖率为57.01%，主要分布在湘西、湘南和湘东。

　　湘江流域地处南岭之北，东以幕阜山脉、罗霄山脉与鄱阳湖水系分界，西隔衡山山脉与资水毗邻，南自江华瑶族自治县以湘、珠分水岭与广西相接，北边尾闾区滨临洞庭湖。湘江流域大都为起伏不平的丘陵与河谷平原和盆地，地形特点为东、西、南较高，中部和北部低平（图1-1-1）。永州市零陵区萍岛以上为湘江上游段（称潇水），流长354km，自然落差504m，河道曲折，水流湍急；零陵至衡阳为湘江中游段，为低山—丘陵地貌，河谷开阔，两岸阶地发育不对称，沿岸丘陵起伏，盆地错落其间，亦有峡谷；衡阳以下为湘江下游段，为丘陵—平原地貌，河谷开阔，河水平稳，两岸阶地发育，地势平坦，呈典型的河流堆积地貌。下游地区长沙以下的冲积平原范围较大，与资江、沅江、澧水的河口平原连成一片，成为全省最大的滨湖平原。

（二）水系特点

　　湖南省内长度在5km以上的河道有5341条，总长度9万多公里，其中，

[1]　张剑明，黎祖贤，章新平. 近50年湘江流域干湿气候变化若干特点 [J]. 灾害学，2009（04）：95-101.

[2]　张泽槐. 古今永州 [M]. 长沙：湖南人民出版社，2003：26-28.

[3]　陆大道. 中国国家地理（中南、西南）[M]. 郑州：大象出版社，2007：44.

图1-1-1　湖南省地形地貌图
（图片来源：据现代卫星地图绘制）

100km 以上的有 50 条，500km 以上的有 7 条。全省境内河网密度为平均每平方公里河流长度 1.3km。除少数河道出流邻省外，绝大部分集结于湘水、资水、沅水、澧水，而后汇注洞庭湖，构成一个沟通长江具扇形辐聚式的洞庭湖水系[1]。

按前面的第二种说法，湘江流域面积为 94721km²，沿途接纳大小支流众多，仅上游"潇水"段就有河长在 5km 以上的大小支流 308 条。支流在干流两岸呈不对称羽毛形态分布（图 1-1-2）。

[1] 陆大道. 中国国家地理（中南、西南）[M]. 郑州：大象出版社，2007：48.

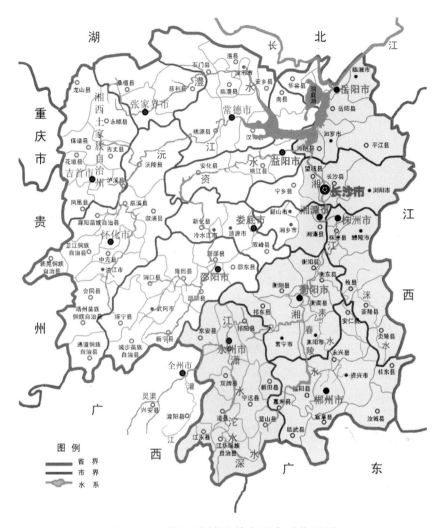

图1-1-2　湘江流域及其主要水系位置图
（图片来源：据现代湖南省地图绘制）

5

　　湘江主要支流自上而下左岸有永明河、海洋河、祁水、蒸水、涓水、涟水、靳江和沩水等；右岸有宁远河、白水、宜水、舂陵水、耒水、洣水、渌水、浏阳河和捞刀河等。湘江流域的海拔高度上下游相差不大，但起伏不平，加速了雨水的集流。各支流的上游多曲行于山地之中，表现着山溪河流的特征。湘江上游雨期多暴雨，河谷多呈"V"形，流经山区，谷窄、滩多、流短、水急；湘江中游盆地错落其间，河谷开阔，滩多水浅，水流平稳，河宽250～1000m，常年可通航15～200t驳轮；下游河道蜿蜒曲折，河谷开阔，流量大，河水平稳，浅滩较多，沿河沙洲断续可见，河宽500～1000m，常年可通航15～300t驳轮；长沙以下为河口段，湖泊众多，常年可通航50～500t驳轮[1]。

[1]　陆大道. 中国国家地理（中南、西南）[M]. 郑州：大象出版社，2007：48.

第二节　人文地理环境

一、历史文化背景

（一）历史与文化沿革

湖南是中国古代文明发达地区之一，经考古证实，早在二三十万年前，就有人类繁衍生息。1979 年 7 月在澧县车溪乡南岳村发现距今6500 ～ 7000 年左右的新石器时代古城遗址——城头山古城址（图 1-2-1），专家认为，它是我国目前所知年代最早的史前城址，被誉为"中国最早的城市"[1]。1996 年 1 月在澧县梦溪乡八十垱的遗址中，出土有大量的8000 ～ 9000 年前的古栽培稻谷和大米等[2]。1997 年 4 月在该遗址中，发现了中国最早的环绕原始村落的壕沟和围墙，围墙南北长 120m、东西宽110m，专家普遍认为这是古代"城"的雏形[3]。再如南部的"潇湘流域"（泛指今永州地区）发现有距今约 2 万年的人类活动遗迹——零陵石棚（图1-2-2）和距今约 1.4 万～ 1.8 万年的道县玉蟾岩稻作遗存（其中陶器碎片距今约 1.4 万～ 2.1 万年），遗址中发现的古稻谷刷新了人类最早栽培水稻的历史纪录，等等，反映了新旧石器过渡时期的经济形态和人类生活面貌。时任永州市舜文化研究会副会长的雷运富先生考察零陵石棚后认为零陵石棚具有以下四个方面的特性：方向标示性、原始崇拜性、展示性和南交南正的特殊性，反映了古人的生殖崇拜、火神崇拜和宗教祭祀文化特点[4]。

今天的长沙，是古三苗国分布与活动的重要地域。传说，以

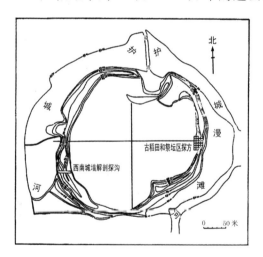

图1-2-1　澧县城头山古城遗址
（图片来源：湖南省文物考古研究所.澧县城头山古城址 1997—1998 年度发掘简报 [J].文物，1999（06）：4-17）

[1] 孙伟，杨庆山，刘捷.尊重史实——城头山遗址展示设计构思 [J].低温建筑技术，2011（01）：26-27.
[2] 张文绪，裴安平.澧县梦溪乡八十垱出土稻谷的研究 [J].文物，1997（01）：36-41.
[3] 原载《三湘都市报》1997 年 4 月 22 日，引自：罗庆康.长沙国研究 [M].长沙：湖南人民出版社，1998：133.
[4] 雷运富.零陵黄田铺"巨石棚"有新发现 [A]// 刘翼平，雷运富.零陵论 [C].北京：中国和平出版社，2007：102-106.

（a）

（b）

图1-2-2　零陵石棚
（a）东北向；（b）西向
（图片来源：作者自摄）

尧舜为首的华夏部落曾与三苗发生过长期的战争，多次打败三苗。"三苗"失利，分崩瓦解，大部分逃入深山溪峒或向西南山林迁徙，成为后来"荆蛮"、"长沙蛮"和湖南境内以及云贵苗、瑶、侗各民族的祖先。迄至夏、商、西周，湖南为"荆蛮"和"夷越"的活动地域，同中原华夏文化发生较密切的联系。

考古成果表明，商周时期湘、资流域生活着百越集团，沅、澧流域生活着苗族集团[1]。在中原文化的影响下，湖南大约从商中叶开始进入青铜时代。至今在全省已经发现商周时期的文化遗址有1500多处，青铜器300多件，大多具有很高的工艺水平，富有鲜明的地方色彩和浓郁的越族风格。

如1986年首次发现、2009年3月发掘的距离零陵古城约20km的邮底乡邮底村望子岗遗址中，发现有新石器晚期至商周时期的4次明显的叠压生活界面、8层文化层、21座古墓葬群、多组建筑遗迹、丰富的陶器（釜、罐、豆、鬶、甑等）与石器（石磨、石斧、石锛、石凿等），以及少量的青铜钺、矛、镞和玉玦、玉环等实物资料。墓葬形制与古越人墓极其类似，专家认为古越人是湖南历史上土生土长的土著人。湖南省考古研究所研究员发掘领队柴焕波认为："这个遗址的发掘，对研究古越文化，对建立湘南地区商周考古的年代分期和文化谱系，具有重要价值。"[2,3]罗庆康先生研究认为，汉代湘南地区居住的民族主要是越人，湘东、湘东北居住的越人也不少[4]。

楚文化即荆楚文化，是周代至春秋时期在江汉流域兴起的一种地域文化，因楚国和楚人而得名，大体上以今湖北全境和湖南北部为中心，向周

[1]　童恩正. 从出土文物看楚文化与南方诸民族的关系 [A]// 湖南省文物考古研究所. 湖南考古辑刊第三辑 [C]. 长沙：岳麓书社，1986.
[2]　徐海瑞. 庄稼地挖出新石器时代墓葬群 [N]. 潇湘晨报，2009-05-14，A10 版.
[3]　湖南省文物考古研究所. 坐果山与望子岗：潇湘上游商周遗址发掘报告 [M]. 北京：科学出版社，2010.
[4]　罗庆康. 长沙国研究 [M]. 长沙：湖南人民出版社，1998：79.

边扩展到一定的范围。百越是古代对南方诸族的泛称，主要包括吴越、闽越、南越（南粤）、雒越（骆越）四个地区。公元前 206 年，秦朝灭亡后，赵佗于公元前 203 年起兵兼并桂林郡和象郡，在岭南地区建立南越国，自称"南越武王"。国都位于番禺（今广州市内），疆域包括今天的广东、广西两省区的大部分地区，福建、湖南、贵州、云南的部分地区和越南的北部地区。南越国又称为南越或南粤，在越南又称为赵朝或前赵朝。南越国传国五世，历时 93 年，于公元前 111 年为汉武帝所灭。

周秦以降，中原文化沿洞庭湖东西两侧及湘江流域和资江流域源源不断地输入湖南。春秋战国时期，湘南属楚国南境，又与百越山水相连，因而受到楚粤文化的双重影响。

从春秋早、中期开始，楚国势力越过长江、洞庭湖进入湖南。经过数百年的战争，楚人成为长沙居民的主体，长沙的社会面貌发生了巨大的变化，古越文化也被色彩斑斓、风格独特的楚文化所替代。楚人北来，传入中原和江汉地区先进的生产工具和生产经验，使长沙地区进入了铁器时代。至战国中期，全省均属楚国统辖。

战国后期，楚臣屈原被流放湖南九年，遍历沅、湘，写下了《渔父》、《怀沙》、《离骚》、《天问》、《九歌》等伟大爱国优秀诗篇，体现了现实主义与浪漫主义高度结合的风格，产生了深刻的历史影响，开创了湖湘文化的光辉序曲。

秦始皇统一中国后，实行郡县制，设长沙郡，范围包括了今岳阳、长沙、湘潭、株洲、益阳、衡阳、邵阳、娄底、郴州、零陵等部分或全部，以及鄂南、赣西北和广东的连州市、广西的全州等地，面积几乎相当于今天整个的湖南省。汉高祖五年（前 202 年）改长沙郡为长沙国。随着灵渠、五岭峤道等水陆交通路线的开发，秦汉时期，湘江流域尤其是南部地区为进入桂、粤的重要通道和边防重地。从 1973 年长沙马王堆遗址出土的《长沙国南部地形图》、《长沙国南部城邑图》和《长沙国南部驻军图》上，可以清楚看出，今天的潇水流域区是当时防区的关键部位[1]。马王堆汉墓所出土的帛书、帛画、丝织品、漆器等，说明湖南工艺和文化水平在楚国传统的基础上得到进一步发展。"汉代政治家贾谊，于汉文帝前元四年（前 176 年）谪居长沙 3 年，留有名篇，脍炙人口，后人辑为《新书》58 篇，不少写于长沙，上承楚辞，下启汉赋，'沾溉后世，其泽甚远'"[2]，影响深远。人称其为"贾长沙"。东汉桂阳郡人蔡伦总结前人的造纸经验，改进造纸术，制造出了世界上第一张多种植物纤维纸。

---

[1] 何介钧，张维明. 马王堆汉墓 [M]. 北京：文物出版社，1982：131-142.
[2] 杨慎初. 湖南传统建筑 [M]. 长沙：湖南教育出版社，1993：5.

南北朝时，湖南"出现了'湘州之奥，人丰土闲'的景况。黄淮人口大量逃亡江南，自汉末关中'流入荆州者十余万家'；西晋时巴蜀流民 10 多万人移入荆湖，永嘉以后又有山西、河南流民一万多人涌入洞庭湖区西部；东晋在澧县设南义阳侨郡，安置河南等地流民。洞庭湖区在西汉时仅有 2 郡 6 县，至梁时已增至 7 郡 16 县，可见其开拓建设之速。"[1]

湖南湘江流域和资江流域相对于沅江和澧水流域开发较早，总体说来，宋代以前湖南的发展，主要集中在洞庭湖地区和湘江流域[2]。

唐代的湖南已是"地称沃壤"。五代马殷立国湖南，贸易发达，茶叶大量外销，闻名遐迩。但唐代的湖南，不少地方仍作为贬谪流放之所，被人视为畏途。如柳宗元（773～819 年）谪居永州（零陵）10 年间，写有 490 多篇（首）诗文，对永州地区的文学艺术影响很大。吴庆洲先生研究认为，柳宗元在永州开创了中国自然山水景观集称文化，"永州八记"应是中国自然山水景观集称文化之滥觞[3]。受"永州八记"景观集称文化影响，明清时期，湘南尤其是永州地区的乡村景观建设，也多以"八景"集称形式命名，详见附录 A。

唐代中叶以前，湘江流域是"楚越通衢"的重要通道，且战略地位重要，所以发展较快。唐代将江南经济区划分为四个经济圈（或分区）：江淮经济圈、浙东经济圈、浙赣经济圈和荆湘经济圈（图 1-2-3）。这四个经济圈都比较发达，尤以浙东及荆湘地区更是当时全国重要的产粮区。其中，荆湘经济圈中，以潭州（今长沙）为经济圈中心城，荆州、襄州、岳州、衡州、郴州、永州等为经济圈副中心城[4]。说明湘江流域在唐代的经济发展是较快的。

唐代中叶特别是南宋以后，随着"楚越通衢"重心的东移至江西、福建等地，以及国家宏观政策和经济结构的调整、国家文化中心和政治中心的转移、城市职能的转变、对外贸易和航海事业的发展，湘江流域的交通优势逐渐减弱，发展速度也相对减慢。

但明清时期，湖南的发展速度大大加快，在全国的地位迅速上升。洞庭湖区和湘江流域水利事业发展，开始大量垦殖，发展农业生产，粮食产量日益增多。北宋末年，湖南人口增至 570 多万。虽然经过元末明初的战乱，但到清朝嘉庆二十一年（1816 年），湖南人口已达 18479854 人[5]。明代已有"湖广熟，天下足"之说，到清乾隆时谚语则改为"湖南熟，天下足"。

9

[1]　杨慎初. 湖南传统建筑 [M]. 长沙：湖南教育出版社，1993：5.
[2]　张伟然. 湖南历史文化地理研究 [M]. 上海：复旦大学出版社，1995：17-18.
[3]　吴庆洲. 建筑哲理、意匠与文化 [M]. 北京：中国建筑工业出版社，2005：65.
[4]　贺业钜. 中国古代城市规划史 [M]. 北京：中国建筑工业出版社，1996：420-422.
[5]　毛况生. 中国人口·湖南分册 [M]. 北京：中国财政经济出版社，1987：57.

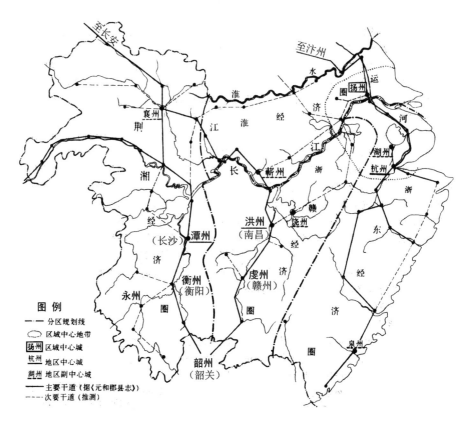

图1-2-3　唐代江南经济区区域总体规划轮廓图

（图片来源：贺业钜.中国古代城市规划史.北京：中国建筑工业出版社，1996：429）

与经济发展同步，文化教育也获长足发展，同时带动了地区的文化景观建设。据志书记载，唐代时湖南衡阳就有石鼓书院[1]。北宋开宝九年(976年)，潭州太守朱洞在僧人办学的基础上，正式创建岳麓书院，朱熹、张栻等著名学者曾在此讲学。据统计，南宋末，湖南共有书院51所。明、清时湖南书院、学宫更为兴盛，入仕举子日益增多。以湘江上游永州地区为例，明代，永州的书院共有17所；到清光绪年间，永州境内各州县共有各类书院46所[2]。清雍正元年（1723年），与湖北分闱，湖南单独举办乡试。

湘江流域的历史文化景观建设自古受楚、粤文化和中原文化等多种文化影响，尤其是受历史上多次移民的直接影响。历史上，由于政治因素

---

[1]　朱熹在《石鼓书院记》中称："石鼓据烝湘之会，江流环带，最为一郡佳处，故有书院，起唐元和间，州人李宽之所为。"清《同治衡州府志》载："石鼓书院在石鼓山，旧为寻真观，唐刺史齐映建合江亭于山之右麓。元和间，士人李宽结庐读书其上，刺史吕温尝访之，有《同恭日题寻真观李宽中秀才书院诗》。"清末郭嵩焘在《新建金鹗书院记》中说："书院之始，当唐元和时，而莫先于衡州之石鼓。"

[2]　张泽槐.永州史话[M].桂林：漓江出版社，1997：100.

大规模移民入湘发生过四次，且主要在湘江流域。据史料记载，第一次和第二次分别为先秦时期和秦汉时期。先秦时，湖南境内主要为蛮、越、濮等族人，如"荆蛮"、"长沙蛮"和"南蛮"。后来，湖南并入楚国版图，楚人成为湖南的一支重要人群。秦汉时，北方中原人涌入湖南，而原来的湖南人则大量迁往湘西、湘南地区。公元前217年至前214年，秦始皇攻打南越，大批军队来到今永州一带。后来，这批军队中的一部分人留了下来，成为永州一带最早的中原移民，也是我们现在所说的最早移居永州的汉族。西汉长沙国的建立与发展可视为此时期的政治移民。元末明初，四年的长沙之战，使长沙田园荒芜，百姓亡散，庐舍为墟，许多地方渺无人烟。明王朝为巩固统治，实行民族融柔政策，就近从江西省大量移民入长沙地区，并允许"插标占地"，而将湖广省（当时湖北和湖南是一个省份，即湖广省）原有的居民移入四川省，即是历史上有名的"扯湖广填四川，扯江西填湖广"之始。明末清初，因张献忠农民起义，在四川德阳地区作战频繁。康熙十六年（1677年），清军为消灭义军，滥杀无辜，人口剧减。清廷下诏，江西、湖南、湖北众多居民被迫迁居。因避免长途跋涉，江西南部之人大都移向湖南南部，江西北部之人大都移至湖南北部，而湖南、湖北的原有居民则迁至四川。各类移民带来了各地先进的生产技术、生产工具和社会文化，促进了民族融合和经济、文化发展，也促进了地区的文化景观建设，所以地区的文化景观形态类型与风格特点多样。

（二）舜文化与理学文化

在湘江流域甚至湖南省的传统文化发展中，尤其值得一提的还有舜帝的伦理道德文化和周敦颐的理学文化。

1. 舜文化

儒家思想是中国整个封建社会占统治地位的思想。追根溯源，儒家思想的源头在舜。孔子最先举起舜文化大旗，把舜确立的伦理道德思想作为一种统治制度，即无为而治。"无为而治者，其舜也与。夫何为哉，恭已正南面而已矣"（《论语·卫灵公》）。后经孟子、韩非等人的称颂、补充和完善，舜帝的人格、作为及其伦理道德思想成了儒家思想的源头，也成为中华民族精神文明的源头。自汉武帝采纳董仲舒"罢黜百家，独尊儒术"的建议后，以舜文化为源头的儒家思想被尊为统治阶级的正统思想，儒学正式列为官学。

湘江上游的永州自古有帝乡之称。史载公元前2200多年前，中华民族的人文始祖——舜帝曾在舜皇山至九嶷山一带"宣德重教"，死后葬于九嶷山。舜"践帝位三十九年，南巡狩，崩于苍梧之野，葬于江南九嶷，是为零陵"（《史记·五帝本纪》）。司马迁说："天下明德自虞舜始。"夏商

图1-2-4　宁远县玉琯岩秦汉至宋元舜庙遗址

（图片来源：朱永华，王颖珠．九嶷山发现舜帝陵庙遗址 [N]．湖南日报，2004-08-14．）

周三代在九嶷山即建有"大庙"祭祀舜帝[1]。舜作为中华民族的人文始祖，在中华民族发展史上处于十分重要的地位，有着十分重要的作用，历代帝王无不推崇。自夏代开始，历朝历代都有帝王拜祭九嶷，而且逐渐形成了拜祭制度。为了"法先王"，历代帝王或在都城遥祭舜帝，或遣使到九嶷山朝拜舜帝。今永州地区及周边各地的祭舜遗迹和舜庙遗址，充分说明舜文化对本区域的影响至深至广。

目前经考古发掘证实，在全国尚属首次发现的时代最早的舜帝陵庙遗址，位于永州市宁远县城东南约 34km 处九嶷山核心区北部玉琯岩的山间盆地中，为秦汉至宋元时期祭祀舜帝陵庙遗址[2]，遗址占地超过 32000m² （图1-2-4）。

孔子与司马迁等人对舜帝的记述，客观上也加强了儒家思想对古代永州和周边地区的影响。舜帝的伦理道德观念、清明政治思想、爱民勤政行为、和睦礼让情操，以及自强不息、不断追求、宽容仁慈、乐于助人的精神，影响当地人民逐步形成了勤劳古朴、心地善良、知书好学、和睦礼让、热情好客的气质特征。如：唐刘禹锡《送周鲁儒序》说："潇湘间无土山，无浊水，民乘是气，往往清慧而文"；柳宗元《道州庙学记》说，永州"人无争讼"；《宋史·地理志》称，永州"人多淳朴"；宋编《太平寰宇记》载今湘江流域各地"有舜之遗风，人多淳朴"；南宋诗人杨万里在《曹中永州谢表》称永州"家娴礼义而化易孚，地足渔樵而民乐业"，"视中州无所与逊"；清李逢时在《东安县志序》中说，东安"民雍容而好礼"。

2. 理学文化

北宋以后，作为继承与发展儒家思想而成的理学迅速兴起。理学的主要创始人之一周敦颐是今道县楼田村人。他所创办的理学和濂溪书堂，对

[1]　（清）吴祖传撰《九嶷山志》云："舜庙在太阳溪白鹤观前，盖三代时祀于此，土人呼为大庙，土坑犹存。秦时迁于九嶷山中，立于玉官岩前百步。洪武四年（1371年），翰林院编修雷燧奉旨祭祀，迁于舜源峰下。"

[2]　经专家们推断，整个舜庙遗址正殿在不同时代总是在同一个地方，正殿建筑基址与后殿建筑基址呈"吕"字状，面积5142m²。但不同时代的面积和方位都不太一样，两晋到三国期间，正殿坐南朝北，唐宋时期，正殿是坐东朝西。目前初步勘测发现，在舜帝陵庙遗址中，唐宋时期的正殿现存面积最广，达到了1500m²，现存部分长43.8m、宽29.8m，规模可与北京故宫太和殿相媲美。

当时和后世的书院建设影响很大，促进了书院教育的发展。周敦颐哲学体系的核心是"立人极"的人性论，认为做人就要力做"圣人"，做官先做人[1]。他说："圣希天，贤希圣，士希贤"（《通书·志第十》，即"圣人仰慕上天，贤人仰慕圣人，士人仰慕贤人"）。"圣，诚而已矣。诚，五常之本，百行之原也"（《通书·诚下第二》）。认为士、贤、圣为教学目标的三个等级，可以通过学习和修养逐级提高。可以说，周敦颐所创立的理学与他的书院教育实践，从宏观上看，是开辟了书院发展的新时期[2]。元代吴澄《鳌溪书院记》中认为：北宋中叶以前，地方教育很多是由私家书院承担；北宋中叶以后，由于书院与理学结合，所以地方官学（州学、县学）兴起；宋室南迁之后，书院逐渐增多，是因为时人"讲求为己有用之学"，以表异于当时郡邑之学，有补于官学之不足[3]。

周敦颐大力办学兴学思想经后人（如胡安国与胡宏父子）的传播和实践，促进了湖湘教育的兴盛与发展。周敦颐的学说对湘南，尤其是对永、道二州影响同样至深至广，之后的永、道二州官学、私学多塑周敦颐像以供顶礼膜拜；州县所立书院，也多以"濂溪书院"命名。今湘南各地承袭"濂溪"文化，在原来旧址上维修、重修有多处"濂溪书院"，如郴州市汝城县城西郊桂枝岭麓的濂溪书院始建于宋宁宗嘉定十三年（1220年），现存濂溪书院是清嘉庆九年（1804年）所建，为仿宋式建筑，2001年修缮，古色古香，2002年湖南省人民政府公布为省级文物保护单位（图1-2-5）；今道县教委所在地的原道州濂溪书院（濂溪祠）始建于宋高宗绍兴二十九年（1159年），2010年重建；永州零陵、潇湘二水合流处的蘋洲岛上的蘋洲书院于清光绪十年（1884年）

图1-2-5　汝城县城西濂溪书院
（图片来源：黄靖淇摄）

13

---

[1]　张官妹. 浅说周敦颐与湖湘文化的关系 [J]. 湖南科技学院学报, 2005（03）: 29-31.

[2]　李才栋. 周敦颐在书院史上的地位 [J]. 江西教育学院学报, 1993,14（03）: 64-65.

[3]　（元）吴澄《鳌溪书院记》载"宋至中叶，文治浸盛，学校大修。远郡偏邑，莫不建学。士既各有群居肄业之所，似不赖乎私家之书院矣。宋南迁而书院日多，何也？盖自舂陵之周，共城之邵，关西之张，河南之程，数大儒相继特起，得孔圣不传之道于千五百年之后。有志之士获闻其说，始知记诵辞章之学为末学，科举之坏人心。而郡邑之间，设官养士，所习不出乎此。于是新安之朱、广汉之张、东莱之吕、临川之陆，暨夫志同道合之人，讲求为己有用之学，则又立书院，以表异于当时郡邑之学专习科举之业者。此宋以后之书院也。"

修建，2010 年重建。理学的盛行，在湘南培养了一批有理学造诣的儒生，同时，理学的研究也推动了湘南乃至湖南省其他哲学思想的研究。

作为历代封建统治阶级正统思想的儒家思想和宋明理学，在中国古代思想史上占有极为重要的地位，结合宗法制度、科举制度和任官制度等，对于推动地方文化景观建设，尤其是学校（包括文庙）建筑景观建设产生了重要影响。一方面，它们是维护封建统治秩序的思想武器，是进行阶级压迫和经济剥削的理论依据，是束缚人们思想的精神枷锁；另一方面，地方民众为了博取功名，步入仕途，追求幸福生活而尊书重教，并建学兴教，因此它们也推动了地方学校等地域的文化景观建设和经济、文化发展。

（三）道家文化

一般认为，中国土生土长的道教，始于老子（李耳）的《道德经》，"渊源于古代的巫术"（《辞海》，1979 年版），战国及秦汉时为方士活动，到东汉时正式成为宗教[1]。道家崇尚自然、见素抱朴、无为安命、重生恶死，宣扬行善积德，倡导"阴阳五行、冶炼丹药和东海三神仙"等思想。神仙总是与长生久视联系在一起。东汉经学家、训诂学家刘熙《释名·释长幼》曰："老而不死曰仙。仙，迁也，迁入山也。故其制字人旁作山也。"隐修山林，以求"长生久视，得道成仙"是道教修炼的最高境界。

《汉书·地理志》云："（楚地）信巫鬼，重淫祀。"方吉杰、刘绪义等人认为，"道家思想文化诞生的土壤就是巫风盛行的楚国。"[2]随着楚人北来，楚地巫教文化与方仙道家思想在湖湘大地得以广泛传播，同时，整个湖湘大地的山水环境也为道家思想的生长和发展提供了良好的土壤。《汉书·地理志》在云楚地"巫风淫祀"习俗的同时，亦称零陵地区（今永州地区）"信鬼巫，重淫祀"。史志记载表明，古代湖南地区是道教传播和活动的重要地区，据明代《衡岳志》记载，早在道教创始期，东汉末年创建五斗米道的天师张道陵，"尝自天目山游南岳，谒青玉、光天二坛，礼祝融君祠"。东晋大兴年间（318～321年），著名女道姑魏华存，在衡山黄庭观潜心修道16年，宣讲上清经录，被奉为上清派开派祖师，被封为南岳夫人，人称魏夫人。此后，道教在湖南地区广为传播。

唐代，由于李唐王朝的大力提倡，道教得以迅速发展，并在湖南获得长足发展。当时全国道教活动地址，逐步有三山五岳、三十六洞天、七十二福地之称。其中，湖南分别占有一"岳"、六"洞天"和十二"福地"。明代，由于统治者特别是明成祖对玄天上帝的推崇，道教在全国发展加快，

---

[1] 从总体上说，中国文化本身并没有多少真正的宗教精神。从学术方面看，中国只有伦理学而没有神学；儒家教化，注重现实人生，儒教是教育之教而非宗教之教，其后出现的道教亦只是某种法术，不能称为宗教。

[2] 方吉杰，刘绪义. 湖湘文化讲演录 [M]. 北京：人民出版社，2008：171.

各地建有很多道观庵庙。明清时期，湖南境内此起彼伏的山水环境和悠久的人文环境，使得讲求心灵的独立与清静，主张"齐物"、"逍遥"，推崇"自然无为"，与世无争的道家思想获得鼎盛发展。明代，湖南道教多为武当道教的继承和传播者，各地多建有供奉真武大帝神像的"祖师殿"。张泽槐[1,2]先生统计表明，清康熙年间，湘江上游的永州各地寺观庵庙发展到306处（注：参考原文为356处），其中寺127处、观93处、庵56处、庙30处，大部分都处在城市及其周边地区，仅永州城内的寺观庵庙就有36处。到清光绪年间，永州境内的寺庵发展到476座，道观发展到500余座。

道家文化注重人与自然的"和合"，不仅主张以平等、平和的态度对待外部自然存在，与一切自然存在和谐共处，同时也主张将这种原则应用于社会人生，提倡一切顺其自然。其诸神崇拜、科仪道术、崇尚自然、见素抱朴、无为安命、重生恶死、行善积德等哲理和教化思想深深影响了湖南的民间信仰、民俗、文学艺术、绘画艺术、雕刻艺术、建筑艺术的产生和发展，甚至给宋明理学也留下了烙印。

儒家、道家思想在中国古代社会发展中起到了重要作用，对于巩固国家和民族的统一，维护封建统治秩序，促进封建经济文化的发展，都产生过重要影响。南怀瑾先生说："中国历史上，每逢变乱的时候，拨乱反正，都属道家思想之功；天下太平了，则用孔孟儒家的思想。这是我们中国历史非常重要的关键。"[3]神圣的宗教活动可以起到整合城市文化的功能，促进社会健康发展的作用，同时也满足了居民精神生活的需求[4]。正如康熙九年（1670年）《永州府志·祀典志》开篇所云："庙祀所以报功也，古圣王之制是典也。有功德于民则祀之，能御大灾、捍大患，则祀之。非是，则祀典不举焉。社稷所以祈年也，山川出云雨育百谷也。厉何为者，邪子产曰匹夫匹妇，疆死，其魂魄犹能凭依于人，以为淫厉，又曰鬼，有所归乃不为厉，祀之所以为之归也。归之则厉不为民病，亦所以保民也。矧饱馁于幽，亦仁人，泽枯之义也，虽重之可也。楚人鬼且祓，淫祠盛则邪教兴，人心世道之忧也。"

二、信仰习俗

如今，湖南省有50余个民族，少数民族中世居人口比较多的有土家、苗、侗、瑶、白、回、壮、维吾尔、满、蒙古和畲族等11个。人口在100万以上的有土家族、苗族，人口在10万以上的有侗族、瑶族、白族。土家族、

[1]　张泽槐. 古今永州 [M]. 长沙：湖南人民出版社，2003：199-202.
[2]　张泽槐. 永州史话 [M]. 桂林：漓江出版社，1997：93.
[3]　南怀瑾. 论语别裁 [M]. 上海：复旦大学出版社，2005：2.
[4]　董鉴泓. 古代城市二十讲 [M]. 北京：中国建筑工业出版社，2009：183.

苗族、侗族、白族主要分布在湘西地区，瑶族主要分布在湘南地区。历史上，湘江流域主要以汉族为主，除汉族外，人口较多的少数民族主要有瑶族、壮族、回族等。其中，瑶族是流域内少数民族人口最多的民族，主要居住在湘南、湘东等地区，尤以永州地区最多。壮族古为"百越"的一支，全省的壮族主要分布在永州南部地区，尤以江华瑶族自治县的清塘壮族乡为主。湖南的回族主要是明初由南京和北京迁来的，湘江流域的回族主要散居在岳阳、长沙、株洲、湘潭、衡阳等地区。

湘江流域除南部地区因为与百越文化交流多，"俗参百越"[1]外，其他地区随着楚人北来、西汉初年长沙国的建立和历代移民，生活习惯和民俗风情较多体现的是楚文化和中原文化的特征。

和全国其他地区一样，湖南古代的民俗风情也抹着一层浓厚的宗教色彩，反映着古代人们生活中的信仰观念和崇拜心理。从原始崇拜到儒释道三大"宗教"、天、神、鬼、怪、菩萨，各种观念应有尽有，不可捉摸但却顺其自然。如对祖先和神的供奉和崇拜、对"龙凤"的崇拜、过年"驱鬼"的爆竹、建房择地相"风水"、遵循阴阳互补的环境观念等等。

1949 年长沙陈家大山楚墓出土的战国时期的一幅人物龙凤帛画，为一幅"龙凤引魂升天图"。画面上龙飞凤舞，一贵妇双手合十，双脚立于大地之上，作升天状，是古代人死后"魂归天为神"宗教思想的体现（图 1-2-6）。1973 年长沙子弹库楚墓出土的"人物御龙帛画"，画中一中年男子，头戴高冠，身穿宽袖深衣，腰佩长剑，手挽缰绳立于龙舟之上，其龙头高昂，也俨然是一幅御龙升天图（图 1-2-7）。1973 年马王堆一号汉墓出土的"T"形帛画，更是场面盛大，奇幻瑰丽，将天上与人间、虚幻与现实串贯一体，表现了一个比较完整的宗教世界观（图 1-2-8）。

历史上，楚地巫教文化对湖湘大地影响很大。《隋书·地理志下》也说："江南之俗，火耕水耨，食鱼与稻，以渔猎为业，……其俗信鬼神，好淫祀，父子或异居，此大抵然也。"巫教文化正是楚俗多神信仰文化。受楚文化影响，湖南境内的祭礼习俗特色明显，具有古代楚俗多神信仰文化特点。

人类最原始的宗教形式为自然崇拜，古人将天、地、日、月、山、水、风、雨、雪、雷、火等自然物和自然力视作与人类本身一样具有生命、意志和巨大能力，从而作为崇拜对象加以崇拜。万物有灵思想就是在自然崇拜的基础上发展起来的。《礼记·祭法》曰："山林川谷丘陵，能出云为风雨，见怪物，皆曰神。"

---

[1] 柳宗元称永州："此州地极三湘，俗参百越"（《代韦永州谢上表》），"潇湘参百越之俗"（《谢李吉甫相公示手札启》）。

图1-2-6　陈家大山楚墓出土的帛画　　　图1-2-7　长沙子弹库楚墓出土的帛画
　　　　　　摹本　　　　　　　　　　　　　　　　摹本
（图片来源：熊传新.对照新旧摹本谈楚国人　（图片来源：熊远帆.楚文物稀世珍宝下月
物龙凤帛画 [J].江汉论坛，1981（01）：94）　惊艳省博 [N].湖南日报,2009-04-22,01版）

　　旧时长沙有对各种鬼神的信仰和祭祀，诸如日神、月神、火神[1]、雷神[2]、财神[3]、水神[4]、祖宗神[5]及山神、土地神等。湘南一带有"中元节"祭祖和祭野鬼的习俗[6]。楚地有许多对付鬼的活动，如"正月一日，是三元之日也，……鸡鸣而起，先于庭前爆竹，以辟山臊恶鬼"；"贴画鸡户上，悬苇索于其上，插桃符其傍，百鬼畏之"；"正月末日夜，芦苣火照井厕中，则百鬼走"。可见人们对鬼神除崇拜、祈祷外，更多的是惧怕，是驱逐。

---

[1]　火神，即祝融神，其庙宇在南岳山顶峰。湖南有南岳进香的习俗，流行于全省各地，民间认为祝融神乃湖湘地方保护神，善男善女遇有疾病灾难，或男女信士求其庇佑时，则前往许愿还香。为表示虔诚，往往徒步，虽距数百里亦不辞其疲劳。出发前斋戒沐浴，头扎红巾，身穿青衣，胸戴绣着"南岳进香"的胸兜，身背香袋，口唱《朝拜歌》，一唱众和，前往进香。此俗沿袭至今。

[2]　谚云："雷打十世恶，蛇咬三世冤"；"忤逆不孝，雷打火烧"。

[3]　财神敬放在摆祖先牌位的神龛之中，虔诚供奉，祈求庇佑。

[4]　水神乃"水母娘娘"，民间有求"水母娘娘"神保佑航行一路顺风、安全驶达的信仰，流行于全省，尤其是洞庭湖区船民之中。

[5]　流行于全省各地，尤以农村最甚。1949年以前，中国民间堂屋中大多立有神龛，神龛上用红纸书写"天地君亲师"之神位，长年祭祀。"天地"二字写得很宽，取天宽地阔之意；"君"字下面的口字必须封严，不能留口，谓君子一言九鼎，不能乱开；"亲"（原作親）字的目字不能封严，谓亲不闭目；师（師）字不写右边上方之短撇，谓师不当撇（撇开）。反映出民间对五者神圣的崇拜。民国后，中国君主制度废除，民间遂将君字改为"国"字，成为"天地国亲师"。

[6]　一般在七月十四日和七月十五日，在神龛的祖先牌位前摆设三牲、时鲜果品、糖果点心，焚烧烧纸点烛，燃放鞭炮拜祭祖宗。在三岔路口拜祭野鬼，这些神开天辟地，赐福降祸，无事不能，无所不为。

图1-2-8 马王堆一号汉墓出土的帛画
摹本
（图片来源：安志敏.长沙新发现的西汉帛
画试探[J].考古，1973（01）：45）

正如费孝通先生在解释中国人的信仰特征时说：我们对鬼神也很实际，供奉他们为的是风调雨顺和免灾逃祸；我们祭祀鬼神很有点像请客、疏通、贿赂；我们向鬼神祈祷是许愿、哀乞；鬼神在我们是权力和财源，不是理想，也不是公道[1]。

长沙人尚乐，浏阳文庙所藏古乐器和长沙咸嘉湖西汉王室墓出土的"五弦筑"都是"全国仅存之物"。古俗信鬼神而好祭祀，凡祭祀必歌舞。汉人王逸《楚辞章句·九歌》记载："昔楚国南郢之邑，沅湘之间，其俗信鬼而好祠，其祠必作歌乐鼓舞以乐诸神。"屈原见"歌舞之乐其词鄙陋，因作《九歌》之曲"。可见屈原的《九歌》乃祭祀鬼神之词。

古人认为农业的丰歉也是神的支配。谷有谷神，蚕有蚕神，风有风伯，雨有雨师，山有山神，水有水神。为了求得好的收成，人们极尽自己的能事，定期或不定期举行各种祭祀仪式，形成种种不同的禁忌和习俗，以示对神的恭顺与敬畏。在收获之后，无论收成多少，都要拿出相当数量的产品来祭祀神明，以谢天意并祈祷来年的丰收。楚地对土地神的祭祀有春社、秋社之祭[2]。

祭祀水神是湘江流域历史时期普遍存在的民俗文化。历史上湘江流域水神祠庙众多，具有明显的时空特性。唐代以前，由于屈原的《湘夫人》和《湘君》等文化传播的影响，在湘江流域乃至洞庭湖区民众信仰的水神中，古帝舜二妃——娥皇、女英是主要的祭祀对象，并形成了下游岳州和上游永州为中心的两个湘水神祭祀圈。"但从祠庙遗存的情况来看，湘江流域水神信仰中洞庭湖神的信仰地域多集中于湘江中下游地区，上游则以湘水神信仰为多。"[3]岳阳市君山东侧古有祭祀虞舜二妃娥皇、女英的湘妃

[1] 费孝通.美国与美国人[M].北京：三联书店，1985：110.
[2] 即在立春、立秋后的第五个戊日祭祀土地神，祭祀时杀鸡宰羊，煮酒蒸糖，热闹非凡。
[3] 李娟.唐宋时期湘江流域交通与民俗文化变迁研究[D].广州：暨南大学，2010：50-51.

祠（湘君庙），志书多有记载。明清时期永州城内外均有潇湘庙，城内潇湘庙是李茵《永州旧事》中记述的"永州八庙"之一[1]。清道光八年（1828年）《永州府志·秩祀志》增补康熙九年城外潇湘庙志曰："潇湘庙旧在潇湘西岸，……国朝因之，春秋官祭其庙，士民相继修葺，规模壮丽。嘉庆壬申（1812年）重修。"

对于天文星象的观测，长沙有着悠久的历史。在长沙先人看来，日月星辰的运转，都受天神的控制。马王堆汉墓出土的帛书《五星占》，认为木金火土水五大行星为五神，分管五方，各司其责："东方木，其神上为岁星"；"西方金，其神上为太白"；"南方火，其神上为荧惑"；"中央土，其神上为填星"；"北方水，其神上为辰星"。1942年长沙出土的楚帛书《月令》把全年分为12个月，每月都有神主管，并用朱、绛、青3色绘制了12位神仙的图像。如四月神名"余取女"，为一头双体之龙。古人常把天象的运行与人事的变化联系在一起。长沙楚帛书《天象》篇云，"明星辰，乱逆其行"，"卉木亡常"，"天地作殃"，"山陵其丧"。认为天象出现混乱，会使地上出现异常现象，并影响到人和事，因此祭祀天神成为习俗也就顺理成章了。民居堂屋神龛上常书"天地君亲师"之神位，长年祭祀。

三、瑶族历史与文化概况

瑶族是湘江流域内少数民族人口最多的民族。瑶族先民进入湖南的时间很早，秦汉时期，长沙、武陵等地是瑶族先民的居住中心，魏晋南北朝时期以零陵和衡阳为居住中心，称为"莫徭""莫徭蛮"。到了清代，永州各县都有瑶民居住，聚居地称为"峒"，清道光年间，永州境内有瑶峒120处，分布状况大致与现在相同。今天的永州地区是湖南省瑶族主要聚居地之一，江华瑶族自治县是全国瑶族人口最多、面积最大的瑶族自治县。2000年第五次全国人口普查资料显示，永州市瑶族有51.38万人，占全省瑶族人口的72.82%。

瑶族支系有28种不同的自称，30多种不同的他称。永州境内的瑶族，因其起源传说、居住环境、生产方式、日常用语以及服饰的差异，有多种自称或他称[2]。尽管瑶族的自称或他称不同，甚至语言也不一样，但由于在长期的历史发展过程中，他们有着共同的命运和心理素质，因而"瑶"始终是其民族的共称。瑶族视盘古和盘瓠（龙犬）为同一远祖神而加以崇

---

[1] 李茵. 永州旧事 [M]. 北京：东方出版社，2005：17.

[2] 永州境内的瑶族多数自称为"勉"、"尤勉"、"谷岗尤"等。另外有"标敏"、"炳多尤"、"爷贺尼"、"盘瑶"、"平地瑶"（也称"民瑶"、"土瑶"）、"高山瑶"（也称"过山瑶"）、"顶板瑶"、"平板瑶"（也称"平头瑶"）、"伍堡瑶"、"七都人"、"九嶷瑶"、"宝寨瑶"、"广西瑶"、"勾蓝瑶"等不同称谓。

图1-2-9　江永县千家峒瑶族集市入口门楼上的"龙犬"雕塑
（图片来源：作者自摄）

拜，总称为"盘古瑶"或"盘瑶"[1]。瑶族尊奉盘古和盘瓠为盘王，至今还可以看到民间建筑上的"龙犬"雕塑（图1-2-9）。大型瑶寨中一般都有祭祀盘王的场所：盘王庙。清初的"改土归流"之后，湖南少数民族汉化的程度不断提高。

虽然瑶族在日常生活、生产、语言以及服饰等方面与汉族存在诸多差异，但在长期的交流过程中，瑶族文化在社会价值、观念体系、宗教信仰、建筑特点等方面也表现出与汉族文化诸多的相似性。瑶族传统民居和村落的建筑特点明显，见第二章第二节和第三章第七节。

随着科学技术的进步，现代的湖南人也逐渐抛弃了对宗教鬼神的迷信。

[1]　李筱文．盘古、盘瓠信仰与瑶族 [J]．清远职业技术学院学报，2014，07（02）：20-25.

第二章　湘江流域传统民居建筑环境与空间构成

　　聚落是人类社会第一次社会大分工后，因农业的出现而形成的固定居民点，它的"两大特征是：第一，以适应地缘（如当地的地理、气候、风土）展开生活方式，汉族以农业活动为主；第二，以家族（原始社会为氏族）的血缘关系为生存纽带。"[1]人类第二次劳动分工后，聚落就分化成以农业为主的村落和以商业、手工业为主的城市。"村落成为农村聚落的简称，成为长期生活、聚居、繁衍在一个边缘清楚的固定地域的农业人群所组成的空间单元，是农村政治、经济、文化生活的宽广舞台。"[2]民居包含住宅及由此而延伸的居住环境，它不仅包括有形的建筑实体，还包括周边的生存环境和人文环境。本章主要分析湘江流域传统民居的建筑环境、平面形式及其构成特点。

第一节　传统民居的选址与入口处理

一、崇尚自然，讲究风水

（一）崇尚自然，山水并生

　　中国传统民居总是和环境合为一体的。民居建筑"或临河沿路，或依山傍水，……可以说，民居建筑是最早的一种强调人与环境和谐一致的建筑类型。中国传统民居所追求的环境意向以崇尚自然和追求真趣为最高目标，以得体合宜为根本原则，以巧于因借为创造手法。"[3]

　　中国的先民们早就注意到"天时、地利、人和"的协调统一。崇尚自然，喜爱自然，视人和天地万物紧密相连、不可分割，是中国自古以来的传统。古代聚落选址重视环境，注重人与自然的和谐发展，是中国传统建筑文化的独特表现。无论是《周易·干卦》的"夫大人者，与土地合共德，与日月合共明，与四时合共序，与鬼神合共吉凶。先天而天弗违，后天而奉天时"；还是儒家的"天人合一"，"上下与天地同流"（《孟子·尽心》）；

---

[1] 潘谷西. 中国建筑史（第七版）[M]. 北京：中国建筑工业出版社，2015: 87.
[2] 刘沛林. 古村落：和谐的人聚空间 [M]. 上海：上海三联书店,1997: 1.
[3] 陆元鼎. 中国民居建筑（上）[M]. 广州：华南理工大学出版社，2003:74.

或者是道家的"自然无为"、"人法地，地法天，天法道，道法自然"(《道德经·道经第二十五章》)，"天地与我并生，而万物与我为一"(《庄子·齐物论》)等，都以人与大自然之间的亲和、协调意识作为哲学基础[1]。表现在建筑上，聚落选址背山面水；建筑布局结合自然，负阴抱阳，自然发展。水在中国哲学中，代表生命和好运，代表财富，能洗涤邪恶和晦气，带来永恒的力量，是吉祥的象征。

不仅如此，中国传统建筑结构、建筑装饰等多方面也体现了人们对自然的崇尚。如柱头的斜撑（或雀替）多做成树梢形状，并加以雕刻、象征；建筑装饰普遍采用雕刻的自然山水、动植物图案。

受地区山地—丘陵为主的地形地貌环境影响，湘江流域的传统村落或者大屋民居选址，皆是背山面水，地势后高而前低，村前有水塘或小河，或者溪河贯穿全村，负阴抱阳，呈围合之势明显，注重人与自然的和谐发展。建筑装饰较多采用雕刻的自然山水、动植物图案，以及体现阴阳互动、代表天地一体、造化阴阳的太极图案，体现人与自然的和谐统一。

（二）山川形胜，风水格局

1. 中国传统建筑选址山水环境的基本特点

中国自古就十分注重城乡与自然山水要素的亲和与共生关系，选址时多关注周围山水的自然形态特征，称山川地貌、地形地势优越，便于进行军事防御的山水环境格局为"形胜"。《荀子·强国》云："其固塞险，形势便，山林川谷美，天材之利多，是形胜也。"即将"形胜"环境特征归结为地势险要、交通便利、林水资源充沛、山川风景优美等。"形胜"在1980年版的《辞源》中解释为："一是地势优越便利，二是风景优美"；在1980年版的《辞海》中解释为："地理形势优越"，"也指山川胜迹"；在2005年版的《现代汉语词典》中解释为："地势优越壮美"。与"相土"思想相比，"形胜"思想已将其对地理环境的考察，进一步扩大到宏观的山川形势，并强调形与意的契合境界[2]。

中国古代城乡选址多强调有形美境胜的天然山水环境作为凭恃。古人创建都邑，必取乎形胜，先论形胜而后叙山川。"天时不如地利"。《周易》说："天险，不可升也。地险，山川丘陵也。王公设险，以守其国。"《孙子兵法·计篇》云："天者，阴阳、寒暑、时制也。地者，远近、险易、广狭、生死也。"其《地形篇》又云："夫地形者，兵之助也。"形胜的山水环境格局为城乡的生态安全提供了"天然屏障"，使城乡的军事、生产与生活，以及对胁迫（如自然灾害）的恢复力得以维持。

[1] 周维权. 回顾与展望 [A]// 顾孟潮，张在元. 中国建筑评析与展望 [C]. 天津：天津科学技术出版社, 1989: 213-215.

[2] 单霁翔. 浅析城市类文化景观遗产保护 [J]. 中国文化遗产，2010 (02): 8-21.

先秦的"形胜"思想对后世影响很大。秦列名"战国七雄",东逼六国,正是其居关中形胜之地。西汉建都长安,除了考虑到关中沃野千里、物产丰富和交通便利等条件外,主要就是看中了"秦地被山带河,四塞以为固","可与守近,利以攻远"的军事地理条件。魏晋以后,"形胜"思想与从传统的堪舆、形法中独立成型的风水思想一道,影响了城市和村落的选址与建设,"枕山、环水、面屏"是中国古代城市和村落选址的基本模式。历史上,长安、洛阳与南京等城市的选址与建设,均是这一模式选择的结果。

中国古代城市和建筑的选址与布局体现了我国古代先人对环境的感应和优化选择,是中国传统建筑文化的独特表现,对城市和建筑的选址与布局影响深刻。中国传统"建筑"风水学大体分形势派和理气派,两者都遵循如下三大原则:天地人合一原则、阴阳平衡原则和五行相生相克原则。形势派注重觅龙、察砂、观水、点穴和取向五大形势法(即风水学选址的五大步骤),认为在风水格局中,龙要真、砂要秀、穴要的、水要抱、向要吉。在形势派的所有环绕风水穴的山体中,所谓的"四神砂"最为重要,按风水穴的四个不同方位,分别以青龙、白虎、朱雀和玄武四象与之对应(图2-1-1)。而理气派,注重阴阳、五行、干支、九宫、八卦等相生相克理论,《内经》中的"九宫八风"(图2-1-2)是其理论依据。形势派和理气派对"建筑"场中的"穴"都讲究有山环水抱之势,认为"山环水抱必有气","山环水抱必有大发者"。

《水龙经·气机妙运》云:"气者,水之母;水者,气之子。"东晋郭璞的《葬经》曰:"气乘风则散,界水则止。……风水之法,得水为上,藏风次之。"藏风得水是风水环境模式的两个关键性的要求。古人认为,藏风能聚气,气蕴于水中,气随水走,水为生气之源,得水能生气。《管子·水地》曰:"水者,何也? 万物之本原也","水者,地之血气,如筋脉之通流者也,故曰:水,具材也"。《葬经》曰:"葬者,藏也,乘生气也。夫阴阳之气,噫而为风,升而为云,降而为雨,行乎地中而为生气(图2-1-3)。"这种理想的人居环境主要由山和水构成。《管氏地理指蒙》曰:"水

23

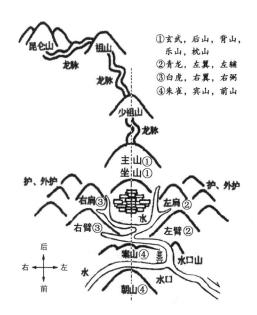

①玄武,后山,背山,乐山,枕山
②青龙,左翼,右辅
③白虎,右翼,右弼
④朱雀,宾山,前山

图2-1-1　风水格局中城乡建筑的最佳选址
(图片来源:于希贤.法天象地[M].北京:中国电影出版社,2006:111)

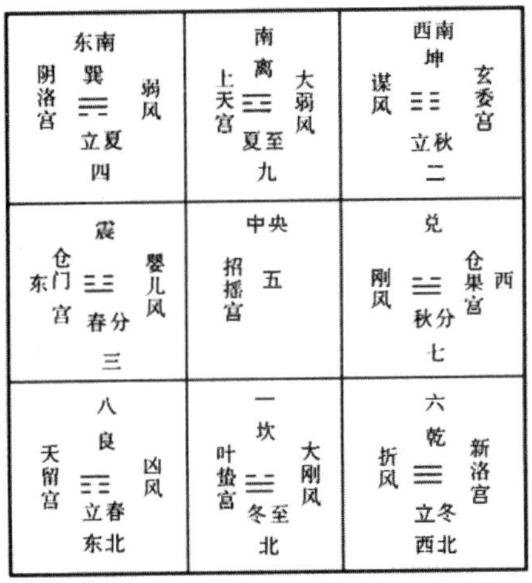

东南
巽
阴洛宫
弱风
立夏
四
南
离
上天宫
大弱风
夏至
九
西南
坤
谋风
玄委宫
立秋
二
震
仓门宫
东
婴儿风
春分
三
中央
招摇宫
五
兑
刚风
仓果宫
西
秋分
七
八
艮
天留宫
凶风
立春
东北
一
坎
叶蛰宫
大刚风
冬至
北
六
乾
折风
新洛宫
立冬
西北

图2-1-2 “九宫八风”图
（图片来源：于希贤．法天象地 [M]. 北京：中国电影出版社，2006：116）

云
阳
阴
风
雨
下
降
阳＋阴
结
合
生气发而生人和万物
升
地上
地面
地下
生
气

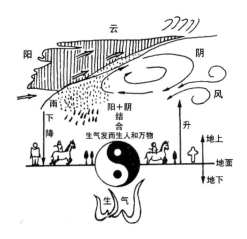

图2-1-3 阴阳二气变化图
（图片来源：于希贤．法天象地 [M]. 北京：中国电影出版社，2006：156）

随山而行，山界水而止。界其分域，止其逾越，聚其气而施耳。水无山则气散而不附，山无水则气寒而不理。……山为实气，水为虚气。土愈高其气愈厚，水愈深其气愈大。土薄则气微，水浅则气弱。”历代风水理论都认为“地理之道，山水而已”，“吉地不可无水”，所以“寻龙择地须仔细，先须观水势”，“未看山，先看水，有山无水休寻地，有水无山料可载。”（《三元地理水法》）。这种风水环境观，体现在中国传统城市和建筑的选址布局、土地利用、空间结构、营建技术、地理环境等各个方面，体现了中国古代朴素的生态精神，体现了传统哲学观念和生态观念的有机统一。

自古以来，中国东、南地区的建房择地选址讲究以山为“龙脉”，以水来“聚气”，枕山襟水是其模式之一。

2. 湘江流域传统民居建筑风水环境实例

湘江流域传统民居建筑选址非常讲究风水，尤其是传统大屋民居建筑，重视山川形胜和风水环境，注重人与自然的和谐发展，生态环境优美，人居环境与自然环境共生、共存，和谐发展。以湘北的张谷英大屋、黄泥湾叶家大屋，以及湘南的上甘棠村和干岩头村为例。

（1）张谷英大屋的风水环境

张谷英大屋建筑群位于岳阳县张谷英镇东侧，距岳阳县城 52 ㎞。古建筑群自明洪武四年（1371 年），由始祖张谷英起造，经明清两代多次续建而成，至今保持着明清传统建筑的风貌（图 2-1-4）。大屋由当大门、王家塅、上新屋三大群体组成。现为中国历史文化名村，国家重点文物保护单位。

图2-1-4　鳞次栉比的张谷英古建筑群及屋前环境
（图片来源：作者自摄）

张谷英大屋坐北朝南，四面环山，负阴抱阳，呈围合之势，形成天然屏障。地势北高而南低，山川形胜，属于"四灵地"："（左）青龙蜿蜒，（右）白虎顺伏，（前）朱雀翔舞，（后）玄武昂首。后山（即玄武）'龙形山'，来脉远接'盘亘湘、鄂、赣周围五百里'的幕阜山，雄阔壮美，气韵悠远。站在村口，极目四望，只见：左山（即青龙）蜿蜒盘旋，时而视线为山丘所阻，时而隐约一鳞半爪，于树林掩映之中'神龙不见首尾'；右山（即白虎）有一股雄性的力量之美，高大壮阔，线条圆浑简练，若以象形观之，确有猛虎絷伏金牛下海之相；前山（即朱雀）当文昌笔架山，挺拔俏丽，树木葱茏，晨光夕照之中，宛若孔雀开屏。并且前面山脚有一条笔直的大路直通峰间，酷似一支如椽巨笔直搁在笔架山上，笔架山下有一四方湖泊（即桐木水库）象征着'砚池'。前人诗云：'山当笔架紫云开，天然湖泊作砚台。子孙挥动如椽笔，唤得文昌武运来。'"[1] 四周的山峰，像四片大花瓣，簇拥着这片建筑，很适于"藏风聚气"（图 2-1-5）。大屋背依"龙身"，正

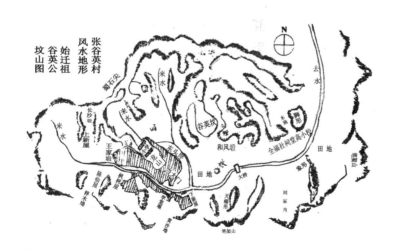

图2-1-5　张谷英村地形略图
（图片来源：《张谷英族谱》）

25

[1]　孙伯初. 天下第一村 [M]. 长沙：湖南文艺出版社，2003：10.

屋"当大门"处在"龙头"前面，门前是开阔平整的庄稼地。有渭洞河水横贯全村，俗称"金带环抱"，河上原有石桥 58 座。"当大门"正对的中堂朝向前面群山的开口，与"当大门"不在同一轴线上。"当大门正堂屋的大门稍稍往东侧出一个角度朝向东南方向的桐木坳（要求'坟对山头户当坳'谓之聚风聚气）"。[1]

（2）黄泥湾叶家大屋的风水环境

黄泥湾叶家大屋位于岳阳市平江县上塔市镇黄桥村，距岳阳张谷英大屋约 50 km。整个黄桥村 300 余户全都姓叶。据《叶氏族谱》记载，明清此地已称为叶家洞，始祖于明洪武二十五年（1392 年）始迁平江县，择居燕额岭，世代之创建。现存的黄泥湾大屋据说始建于清嘉庆二十二年（1817年），当时占地约 5000m²，现存主体建筑占地 3000 ㎡ 左右，目前仍有近 20 间主卧与厢房保存基本完好。

黄泥湾叶家大屋所在黄桥村生态环境很似张谷英大屋。黄桥村坐落在冬桃山下，对望张师山，三面群山环绕，呈瓶颈状，易守难攻。村域内水源丰富，是汨罗江支流发源地之一。大屋坐东南朝西北，背山面水。《叶氏族谱》云："先祖度山川之锦绣，选风俗之纯良而卜基，故洞中胜景万千，古迹尤多。幕阜山二十五洞天圣地，红花尖即为余脉。昌江水三十里，流声不响，白沙岭是其泽源。东观山排紫气，南眺土出黄泥，右是坳背虎踞，左为游家龙盘。塝上无塝，只因屋连；洞里非洞，皆属车通。界头面邻北省（湖北省，笔者注），楼房不少，桥头地处中心，店铺尤多，大屋更大，新屋仍新，五马奔槽。羡柳金之富有，莲花活现，观巉上之风光，龟形蛇形，惟妙惟肖。拱桥松柏，古色古香。太子桥、斑鸠桥，旧痕仍在。石马庙、关帝庙，遗迹可寻。公路沿溪水而上，有如银色彩带；学校伴拱桥而立，形似泼墨丹青。傅家岭松涛滚滚，国华丘稻浪滔滔。山林果盛，水库鱼肥。又竹垅仙拇，石马寒湫。古神仙之遗迹，蜈蚣折口，狮子昂头，大自然之朽成。更如燕岩若燕、狮岩如狮、马踏尖之蹄印、豪头岭之凉亭，天然合人工一色，新创与古迹相辉，盛景如画，赞前人择地之优良，景上添花，志后代创业之艰辛，乡土可爱。"由此可见，整个黄桥村和黄泥湾叶家大屋的选址山川形胜、风水格局良好（图 2-1-6 ～图 2-1-8）。

（3）上甘棠村的风水环境

上甘棠村位于江永县城西南 25 km 的夏层铺镇，始建于唐太和二年（827年），是湖南省目前为止发现的年代最为久远的古村落之一。全村除少数人家是 1949 年后迁入该村的异姓外，其他都是周氏族人。现存古民居 200多栋，其中清代民居有 68 栋，四百多年的古民居还有七八栋。现为中国

---

[1] 张灿中. 江南民居瑰宝——张谷英大屋 [M]. 长春：吉林大学出版社，2004：86.

图2-1-6　黄桥村的地形环境
（图片来源：作者自摄）

图2-1-7　叶家大屋早期俯视图
（图片来源：平江县住建局）

图2-1-8　叶家大屋现状俯视图
（图片来源：作者自摄）

历史文化名村，国家重点文物保护单位。

　　上甘棠村聚族而居，民居屋场选址依山傍水，坐东朝西，四周青山环绕，负阴抱阳，呈围合之势，建筑与自然阴阳和谐，体现了屋主对自然山水的热爱。村后是逶迤远去的屏峰山脉（滑油山），村左是挺拔翠绿的将军山、造型小巧别致的步瀛桥和庄重高耸的文昌阁，村右有峻峭毓秀的昂山，村前是由东向西曲流而下的谢沐河（谢水与沐水汇合），河的对岸是大片的沃野良田（图2-1-9、图2-1-10）。周氏宗祠位于村落右侧入口处。

　　村后滑油山下，汉武帝元鼎六年（前111年）至随开皇九年（589年）的古苍梧郡谢沐县县衙遗址今天还清晰可见。20世纪80年代，在这里发现大量汉代砖瓦、陶瓷及其他古遗址。

　　村左将军山脚下的月陂亭传为唐代征南大元帅周如锡读书处，亭旁石壁上刻有文天祥的行书"忠孝廉節"四个大字，共有记载历史变迁的摩崖石刻27方。文昌阁始建于宋代，重修于明万历四十八年（1620年），坐南朝北，历史上其东侧曾建有廉溪书院，左侧是前芳寺，右侧是龙凤庵，前有戏台，后有旧时湘南通往两广的驿道、凉亭。文昌阁前的步瀛桥始建

图2-1-9 上甘棠村地形图与村内街巷格局

（图片来源：上甘棠村周腾云先生提供）

于南宋靖康元年（1126 年），桥现残存长 30m、宽 4.5m、跨度 9.5m、拱净高 5m，是湖南省目前发现的唯一一座宋代石拱桥（图 2-1-11）。

上甘棠村风水环境优美，整个村庄形状颇似一幅阴阳太极图，文昌阁与昂山正好构成了太极图中的阴阳两个"鱼眼"。

（4）干岩头村的山水环境

干岩头村原名涧岩头，位于永州市零陵区富家桥镇。宋代理学鼻祖周敦颐后裔于明中期迁移至此繁衍生息，故命名周家大院。周家大院始建于明代宗景泰年间（1450 ～ 1456 年），建成于清光绪三十年（1904年）。村落占地近 100 亩（1 亩 =666.7m²），总建筑面积达 35000m²，由"老院子"、"红门楼"、"黑门楼"、"新院子"、"子岩府"（后人称为"翰林府第"、"周崇傅故居"）和"四大家院"六大院组成，规模庞大。六个院落相隔 50 ～ 100m，互不相通，自成一体（图 2-1-12）。2007 年，该村被国务院公布为中国历史文化名村，现为国家重点文物保护单位。

干岩头村山水环境阴阳合德，刚柔相济，静动相乘相生，典型地体现了古代建筑的风水思想。村落整体坐南朝北，依山傍水，三面环山，前景开阔。村后的龙头山，又称"锯齿岭"，岿然屹立，峰峦起伏，青翠层叠，宛若"锯齿朝天"；东边的鹰嘴岭和凤鸟岭，嵯峨抚天，状若东升之旭日，被誉为"丹凤朝阳"；西侧的青石岭，连亘起伏，自然延伸；北面开阔，为沃野良田。进水南注，贤水东来，恰如两条绿色玉带飘绕而至于村前汇合，形同"二龙相会"，尔后西流而去。村落整体平面呈北斗形状分布，子岩府位于整体布局北斗星座的"斗勺"位置上，四大家院位于"斗柄"的尾部[1]。

二、注重朝向，强调入口

在长沙地区传统居住习惯中，民居屋场，重视朝向，一般喜坐北朝南，所谓"朝南起个屋，子孙好享福"。民家起屋，一般都要请地生（风水先生）看地定朝向，要求屋后及两侧"有龙脉"，山势左环右抱，前有流水，地势开阔，大门朝向前面群山的开口。若仕途失意，或人丁不旺灾难多，便

---

[1] 王衡生. 周家古韵 [M]. 北京：中国文史出版社，2009: 5-6.

图2-1-10　上甘棠村后俯视图

（图片来源：作者自摄）

图2-1-11　上甘棠村南札门、步瀛桥、文昌阁

（图片来源：作者自摄）

图2-1-12　干岩头村周家大院俯视图

（图片来源：湖南省住房和城乡建设厅．北京：湖南传统村落（第一卷）．
中国建筑工业出版社，2017:66）

怪屋场不好，有拆屋重建的，有几改槽门朝向的。民居大门一般正对中堂，但若房屋地形特殊又需立基时，常用的方法是偏转门向，使门与中堂倾斜一定的角度，朝向前方"风水的气口"，尽量避免"煞气"。大门前方要开阔，不能有明显的遮挡之物。同时讲求屋前屋后有风水树，使屋场深藏不露。农家喜欢在房前屋后栽种樟、柏、竹、梓、枫、杉等风景树及各种果树。若古树繁茂，则认为屋场兴旺，人丁繁衍。谚语云："屋旁有大树，屋内有寿星。"如浏阳市龙伏镇新开村的沈家大屋南侧池塘岸边有古樟树三棵，名曰"三代樟"，与大屋建筑同龄；长沙县北山镇金星村的北山大屋东南西三向都有高大的古樟树。

张谷英大屋、沈家大屋、叶家大屋和宜章县樟涵村新屋里吴家大院是民居屋场重视朝向的典型实例。张谷英大屋的"当大门"是先祖肇业之屋，张谷英先生深通风水，因此当大门处"正堂屋的门户（头大门）稍稍往东侧出一个角度朝向东南方向的桐木坳"，和前面的入口槽门不在同一轴线上。当大门八字形向外敞开，门边渭洞河上被称为"龙须"的两座石桥也为八字形（图2-1-13）。

沈家大屋坐东朝西，依山傍水。主体建筑永庆堂始建成于清同治四年（1865年），是三进式院落空间建筑，包括槽门、前院、正厅的前厅、过亭、后厅、南北横厅等。槽门俗称檀门，坐东南朝西北，与后面正厅不在同一中轴线上，因房主建槽门时讲究风水，将其偏北14°朝向捞刀河上游，谓"进水槽门"，意寓招财进宝、财源滚滚。

黄泥湾叶家大屋正屋的前门位于外墙大门的斜左2m处，站在外墙大门处只能隐约看见大堂里的布局陈设，藏而不露。

郴州市宜章县的玉溪镇樟涵村新屋里吴家大院不但选址遵循"枕山、环水、面屏"的"风水学"模式，其对外大门及内部厅堂、巷道的大门也尽量选择最佳朝向，故不同位置厅堂、巷道的大门侧偏的方向不同（图3-3-19）。

民居建筑大门讲究风水朝向在传统村落中体现得非常明显。如整体呈行列式布局的郴州市苏仙区坳上镇坳上村和永兴县高亭乡板梁村，村中前后排民居房屋虽然只有不到1.5m的间距，但后排房屋为了取得理想的风水朝向，往往将堂屋前外墙内退做侧向处理，与两侧的厢房卧室外墙不平行（图2-1-14、图2-1-15）。

湘江流域传统民居建筑不仅注重朝向，而且强调入口。

考察中发现，民居的入口门屋或门庐都处理得非常精致，很多大门都做成内凹的八字形，向外敞开（图2-1-16、图2-1-17）。传统民居建筑大门做成内凹的八字形，向外敞开，具有回避、让步、停留、观望的实际功能。在心理上，人们希望人财两旺，而八字形大门就是一种较好的表达心愿的形式，具有一定的精神、心理上的功能。

图2-1-13 张谷英大屋当大门
（图片来源：作者自摄）

图2-1-14 郴州市苏仙区坳上镇坳上村民居
（图片来源：作者自摄）

再如衡南县的宝盖村和新田县的谈文溪村的入口处理。

衡阳市衡南县宝盖镇宝盖村始建于北宋末年。古民居建筑群由廖家大屋、安里屋、大屋场、探花庄四组建筑组成。四组建筑围绕中间的月池和水塘环形布局，整体规模宏大。主体建筑基本上都为硬山青瓦屋面，每组建筑的主入口多为内凹式，两端用封火山墙。围绕中间水面的建筑山墙主要为硬山墙或封火山墙两种形式，并饰以白色装饰带和彩绘，层次分明（图2-1-18、图2-1-19）。墙头叠以小青瓦，翼脚起翘并配以不同的雕饰图案，造型生动优美。其中，廖家大屋主入口大门呈"八"字形向外敞开，门楼造型如牌楼，因此廖家大屋也被当

图2-1-15　永兴县高亭乡板梁村民居
（图片来源：作者自摄）

地人称为"牌楼屋"。牌楼屋外观为木质"不出头式"的宫苑式，最上层檐下采用木鸳鸯交手栱出挑，出檐深远，48个昂头均雕刻成龙头形状，栩栩如生，体现了建筑结构技术与装饰艺术的结合。牌楼屋所有木构件上涂以防腐红漆，在阳光的照耀下熠熠生辉。柱下的石柱础造型典雅。廖家大屋主入口的牌楼屋形式为民居建筑中极其少见的使用方式，是宝盖村内建筑的特色之一（图2-1-20）。

图2-1-16　浏阳市清江村桃树湾刘家大屋
入口槽门
（图片来源：作者自摄）

图2-1-17　资兴市辰冈岭九家东村
民居门庐
（图片来源：资兴市住建局）

图2-1-18　宝盖村大屋场外立面之一　　　　图2-1-19　宝盖村大屋场外立面之二
（图片来源：王立言摄）　　　　　　　　　（图片来源：王立言摄）

图2-1-20　廖家大屋主入口门楼
（图片来源：王立言摄）

　　永州市新田县三井乡谈文溪村的郑家大院始建于明洪武初年，坐西朝东，村落山环水抱、青山叠翠、溪水常流。整体为"行列"式布局，村落中间东西向有1条主巷道，主巷道两侧南北向各有8条次巷道，每列轴线上有4～5栋民居建筑。每栋民居格局基本一致，其进深为8m，面阔为11m，均为三开间，中间为大厅（堂屋），两侧为厢房、卧室，大厅后墙有神龛以供奉先祖牌位。虽内不设天井，但进深浅，面阔宽，前后左右皆有巷道，故室内采光依然充足，无闭塞昏暗之感。

　　谈文溪村现存古民居26栋，200余间，以及门楼、家庙、驿站、锈楼各一座，建筑面积达6800m²。建筑结合当地气候特点，主体建筑基本上都为硬山青瓦屋面，墀头和墙下饰以白色装饰带和彩绘，墙头叠以小青瓦，翼脚起翘，配以不同的雕饰图案（图2-1-21）。郑家大院主入口门楼的造

图2-1-21　谈文溪村郑家大院主体建筑群左侧俯视图
（图片来源：作者自摄）

型也是其建筑特色之一。门楼为"广亮大门"形式，砖木结构，高12m，中间立柱四根，两侧用五山式封火山墙。三开间，两侧开间相对较窄，镶木板固定，中间为大门。门楼中的大门、柱子、檐枋等所有木质构件均涂以防腐红漆。不仅如此，屋脊上还加设有一个倒长锥形的"亭阁"，亭子的四周为雕刻精美的花窗，窗格交接做法与博古架相同；亭子的翼脚

图2-1-22　谈文溪村郑家大院入口
（图片来源：作者自摄）

和脊端起翘，均用三合灰塑成凤鸟形状，白色。亭脊正中叠置体现佛、道文化的宝瓶两层，也为白色（图2-1-22）。个性的造型，明亮的红、灰、白三色，使门楼十分醒目，在阳光的照射下，熠熠生辉。

　　湘南地区与郑家大院门楼屋脊上立"亭阁"和"宝瓶"做法有相似处理手法的还有诸如衡阳市衡南县隆市乡大渔村王家祠堂、永州市新田县枧头镇黑砠岭村龙家大院和零陵柳子庙等。

　　王家祠堂（始建于1061年，1414年大修，1724年维修）的"脊饰两端为鳌鱼，中为二龙戏珠雕塑，正中为一亭阁（内置仙人），正脊上的卷草花卉图案十分流畅、秀丽，为湖南古建脊饰佳作（图2-1-23）。"[1]

　　黑砠岭村龙家大院，始建于宋神宗元丰年间，其建筑装饰艺术的民俗特色之一是在建筑墀头正面塑八字双凤鸟，建筑山墙上绘太阳、葫芦图案，

---

[1]　吴庆洲. 中国古建筑脊饰的文化渊源初探（续）[J]. 华中建筑，1997,15（03）：16-21.

屋脊上立凤凰宝瓶脊刹等，见第三章第六节。

柳子庙的主体建筑均用封火山墙，前面入口门屋两端山墙为观音兜形式，墙头叠瓦四层，出屋脊约1m，在曲线的上部各立一个双龙拱卫的圆顶石碑，似建筑之窗户（图2-1-24）。柳子庙的前殿由前厅和东西两厢组成，均为三开间。前厅的屋面略高出东、西两厢屋面，用封火山墙分隔，突出了主体建筑在构图中的位置。

湘江流域传统民居入口建筑的一般形式为立柱前外廊式，两端用硬山式或封火山墙样式，檐枋与墀头做重点装饰（图2-1-25、图2-1-26）。如张谷英大屋主体建筑全为悬山式，但建于清嘉庆年间的"王家塅"在入口的第二道大门的左右山墙处设置金字山墙，采用形似岳阳楼盔顶式的双曲线弓子形，谓之"双龙摆尾"，具有浓厚的地方色彩（图2-1-27）；而上新屋前面沿渭洞河岸全都用金字山墙（图2-1-28）。山墙的墀头正、侧面一般堆塑人物、山水、蝴蝶等动植物图案，形象逼真，具有一定的精神和心理上的功能。墙头起翘及墀头装饰的硬山设置，美化了建筑的立面，丰富了民居建筑的天际线。

有的民居建筑限于地形，用地不足，不能设前外廊式门屋。为了突出门户，常常是在大门上方设出挑较多的"门头"（"门罩"），门头两侧挑木

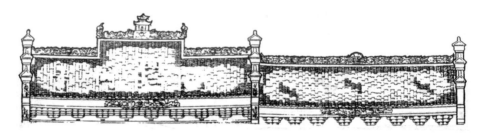

图2-1-23　衡南县隆市乡大渔村王家祠堂正厅脊饰

（图片来源：原载：杨慎初.湖南传统建筑[M].长沙：湖南教育出版社，1993年.

转引自：吴庆洲.建筑哲理、意匠与文化[M].北京：中国建筑工业出版社，2005：235）

图2-1-24　零陵柳子庙

（图片来源：作者自摄）

图2-1-25　宜章县千家岸村民居门楼

（图片来源：作者自摄）

图2-1-26　桂阳县溪口村民居门楼
（图片来源：作者自摄）

图2-1-27　张谷英村"王家塅"
入口处外立面
（图片来源：作者自摄）

图2-1-28　张谷英村上新屋外立面
（图片来源：作者自摄）

及其下方的雀替造型多样且多做雕凿装饰，如江华瑶族自治县大圩镇宝镜村的新屋、大新屋、围姊娣等，见第三章第七节。再如永州古城内张浚故居和郴州地区传统民居入口大门上方多用斗形歇山顶门罩，地域特色明显。张浚故居在文星街一侧入口大门上方为斗形翘角飞檐垂花式门头（图2-1-29）。郴州市苏仙区坳上镇坳上村很多民居入口大门上方用斗形歇山顶门头，且高出屋檐很多，白斗灰顶，非常醒目（图2-1-30）。

　　民居建筑入口大门上方门头的这种艺术做法在用地紧张，又需突出门户、强调入口的南方民居中多有出现，手法多样，文化内涵丰富，如江西省吉安市渼陂古村木雕门头、安徽西递古村和江西省赣县白鹭古村客家民居的砖雕门头等（图2-1-31～图2-1-33）。

　　另外民居的入口大门多用经过雕饰造型的石门框、石门枕、抱鼓石、石狮或麒麟、铺首等装饰，突出门户，强调入口。

　　值得一提的是，湘南民居入口门楼，尤其是祠堂的入口门楼，造型很

图2-1-29　张浚故居入口
（图片来源：作者自摄）

图2-1-30　郴州市坳上村民居
（图片来源：作者自摄）

多为"牌楼"式样。如郴州市汝城县永丰乡先锋村周氏宗祠"诏旌第"（图2-1-34）、土桥镇金山村李氏祠堂"别驾第"和卢氏家庙、土桥镇土桥村"登贤坊"祠、"诗礼传家"祠、"何氏家庙"、"三代明经"祠（图2-1-35、图2-1-36）、马桥镇的外沙村朱氏家庙、高村宋氏宗祠（图2-1-37、图2-1-38）、文明镇文市司背湾村罗氏家庙（图2-1-39、图2-1-40）、城郊乡（卢阳镇）津江村朱氏祠堂、津江村三拱门范家村范氏家庙、益道村黄氏宗庙（图2-1-41～图2-1-43）、田庄乡洪流村黄氏家庙（图2-1-44）、宜章县黄沙镇五甲村成氏祠堂（图2-1-45）、迎春镇碕石村彭氏宗祠（图2-1-46）、莽山乡黄家塝村古门楼（图2-1-47）、桂阳县洋市镇南衙村的古门楼（图2-1-48）、永兴县高亭乡板梁村上村祠堂（图2-1-49），永州市宁远县湾井镇的久安背村李氏宗祠（图2-1-50）、东安头村李氏宗祠和路亭村王氏宗祠（图2-1-51、图2-1-52）、江永县上江圩镇桐口村卢氏祠堂（图2-1-53）等建筑的入口均为三开间，

图2-1-31　江西渼陂古村民居门头
（图片来源：作者自摄）

图2-1-32　安徽西递古村民居门头
（图片来源：作者自摄）

前为立柱外廊，两端山墙出耳，多为五山式；正中一间为单檐歇山式屋顶，明显高出两侧屋面。檐下多通过层叠斗栱（多为如意斗栱）出挑五至七层，栱头饰贴古钱币、花卉等多种造型图案；斗栱下额枋浮雕龙凤八仙、双龙戏珠等多种彩绘图案；最下面的鸿门月梁多做三层镂雕双龙戏珠，其下两端多用镂空飞挂装饰，色彩明快，栩栩如生。湘南民居、祠堂等建筑入口门楼多种相似的"牌楼"式造型处理，是其他地方少见的，体现了文化的地域性特点，是文化传播和文化特征被就近模仿的结果。

图2-1-33　江西白鹭古村客家民居门头
（图片来源：作者自摄）

图2-1-34　汝城县先锋村周氏宗祠
"诏旌第"
（图片来源：作者自摄）

图2-1-35　汝城县土桥村"登贤坊"
（图片来源：作者自摄）

图2-1-36　汝城县土桥村"诗礼传
家、何氏家庙、三代明经"三祠
（图片来源：作者自摄）

图2-1-37　汝城县外沙村朱氏家庙
（图片来源：作者自摄）

图2-1-38　汝城县高村宋氏宗祠
（图片来源：作者自摄）

图2-1-39　汝城县司背湾东村罗氏家庙
（图片来源：作者自摄）

图2-1-40　汝城县司背湾西村罗氏家庙
（图片来源：汝城县住建局）

图2-1-41　汝城县津江村朱氏祠堂
（图片来源：作者自摄）

图2-1-42　汝城县津江村范氏家庙
（图片来源：作者自摄）

图2-1-44　汝城县洪流村黄氏家庙
（图片来源：作者自摄）

图2-1-43　汝城县益道村黄氏宗庙
（图片来源：作者自摄）

图2-1-45　宜章县五甲村成氏祠堂
（图片来源：作者自摄）

图2-1-46　宜章县碛石村彭氏宗祠
（图片来源：宜章县住建局）

图2-1-47　宜章县黄家塝村门楼
（图片来源：作者自摄）

图2-1-48　桂阳县南衙村门楼
（图片来源：桂阳县住建局）

图2-1-49　永兴县板梁村上村祠堂
（图片来源：作者自摄）

图2-1-50　久安背村李氏宗祠
（图片来源：永州市文物管理处）

图2-1-51　东安头村李氏宗祠
（图片来源：薛棠皓摄）

图2-1-52　路亭村王氏宗祠
（图片来源：作者自摄）

图2-1-53　江永县桐口村卢氏祠堂
（图片来源：永州市文物管理处）

第二节　传统民居的平面形式与特点

　　1949年以前，湘江流域传统民居建筑反差很大。市井街巷店房及乡下富家大宅，多为木架砖瓦建筑或竹木结构盖瓦屋面，宅深院大，花木扶疏，宽敞气派。而在远离市井的湘江及支流两岸，多为低矮的散户，土砖茅屋，拥挤潮湿，聊为遮风避雨之所。

　　历史上湘江流域以汉民族为主，传统民居建筑，平面强调对称，重点突出中间厅堂地位，外墙门窗较小较少。乡下一般民居多为一家一栋屋，房屋正中为厅，厅也叫堂屋。堂屋两侧的房子叫正房（湘南地区俗称"子房"），用作卧室、书房、厨房等；其他如牛栏、厕所、灰屋、碓屋等建于宅旁，形成整体。屋前有外廊（湘南地区俗称"出线廊"）。堂屋较宽大，通高见顶。建筑进深较大的，正房一般分为前后两部分，前半部分设厨房和火炉，冬天全家人围着火炉烤火，后半部分为卧室。建筑高大的多在正房中设阁楼存放杂物。也有单独设置烤火房的。厅两侧各有一间正房的叫"三大间"（湘南地区俗称"四方三厢",瑶民住宅俗称"三间堂"),各有两间正房的叫"五大间",也有"七大间"甚至"九大间"的。规模稍大的民居多以内天井作为住宅平面布局组织中枢,前后左右铺陈。规模再大者,内庭院便成为建筑群布局的中心。

湘江流域传统民居的平面形式主要有以下几种:

一、独栋正堂式

独栋正堂式民居是中国乡村传统民居的普遍形式。湘江流域除南部山区外,主要为中低山—丘陵地貌,出于经济原因和保护耕地的考虑,传统乡村一般民居多依地形独立成户,建筑主要由中间的堂屋和两侧的正房组成,灵活布局,平面形式多样,适应了农村的生产和生活需要,布局形式与建造技术的地域特色明显。

1. "一"字形平面

"一"字形平面即一个正屋呈一字状布置,这是中国传统民居建筑布局中最简单的形式。受地区气候影响,湘江流域传统"一"字形平面民居多是利用房屋两端山墙在前面出耳,形成前廊,且四周屋檐出挑较多,用以遮阳和防止雨水污湿墙面(图2-2-1~图2-2-5)。"一"字形平面是其他形式民居建筑发展的基础。

2. "┌"形平面

"┌"形平面即为一正一横的组合方式,在单体建筑一侧有耳房。小型住宅采用此种形式较多,农村很普遍。这种布置中的正屋、杂屋明确划分,建筑构造简单,有利于进一步发展(图2-2-6、图2-2-7)。

3. "┡"形平面

"┡"形平面为一正一横的另一种组合方式,农村也很普遍。这种形式除了具有"┌"形平面的优点以外,还便于房屋向后面扩展(图2-2-8)。

4. "冂"形平面

"冂"形平面为一正二横的组合方式,是一正一横组合方式的进

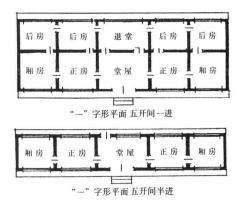

图2-2-1 "一"字形平面

(图片来源:陆元鼎.中国民居建筑(中)[M].
北京:中国建筑工业出版社,2003:458)

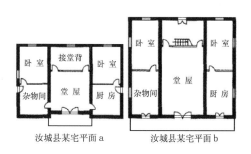

图2-2-2 汝城县某宅平面

(图片来源:唐晔.湘南汝城传统村落人居环境研究[D].广州:华南理工大学,2005)

41

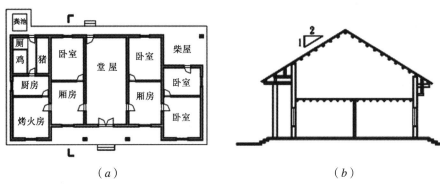

（a）　　　　　　　　　　　　　（b）

图2-2-3　岳阳县某宅

（a）岳阳县某宅平面；（b）岳阳县某宅剖面

（图片来源：作者自测）

图2-2-4　浏阳市文家市镇某宅"七
字"挑檐枋

（图片来源：作者自摄）

图2-2-5　浏阳市文家市镇某宅

（图片来源：作者自摄）

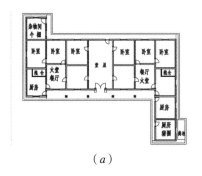

（a）

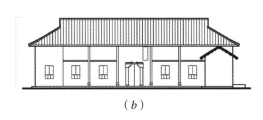

（b）

图2-2-6　浏阳市新开村沈宅

（a）平面图；（b）立面图

（图片来源：作者自绘）

一步发展，即房屋在前面两侧均有耳房，戏称"一把锁"，多为"五大间"以上住宅，农村很多见。它布置紧凑，正屋与杂屋划分明确，采光通风均好，有利于向前后扩展。其前部由正屋和横屋围合成一个半限定空间，起到了室内外空间的过渡作用（图2-2-9～图2-2-13）。

5."Ｈ"形平面

"Ｈ"形平面是一正二横的另一种组合方式，优点是便于扩建，前后形成院落，采光通风良好。农村和城镇均有这种组合形式的住宅，但以农村居多（图2-2-14）。

二、"合院"式

庭院式布局是中国古代建筑群体布局的灵魂，由屋宇、围墙、走廊围合而成的内向性封闭空间，能营造出宁静、安全、洁净的生活环境。在易受自然灾害袭击和其他不安因素侵犯的社会里，这种封闭的

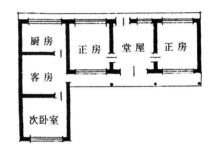

图2-2-7 长沙市某宅平面

（图片来源：陆元鼎.中国民居建筑（中）[M].
北京：中国建筑工业出版社，2003：458）

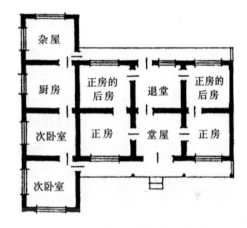

图2-2-8 衡阳市南岳区某宅

（图片来源：陆元鼎.中国民居建筑（中）[M].
北京：中国建筑工业出版社，2003：458）

合院是最合适的建筑布局方案之一。湘江流域因为气候夏热时间较长，院内不需要采纳太多阳光，加上受地形的限制，故院子一般较小，不仅较为阴凉，而且可以节约用地。与北京地区传统四合院住宅多强调入口大门开

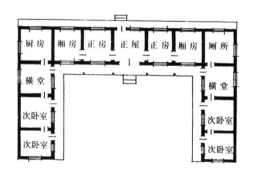

图2-2-9 湘潭某宅平面

（图片来源：陆元鼎.中国民居建筑（中）[M].
北京：中国建筑工业出版社，2003：459）

图2-2-10 长沙蔡和森故居平面

（图片来源：杨慎初.湖南传统建筑[M].长沙：湖南教育出版社，1993）

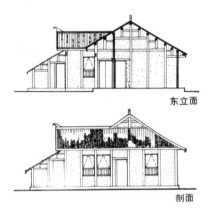

图2-2-11 长沙蔡和森故居东立
面与剖面
（图片来源：杨慎初.湖南传统建筑
[M].长沙：湖南教育出版社，1993）

图2-2-12 长沙蔡和森故居外景
（图片来源：杨慎初.湖南传统建筑[M].长沙：湖
南教育出版社，1993）

图2-2-13 浏阳大围山镇白沙狮口村某宅
（图片来源：作者自摄）

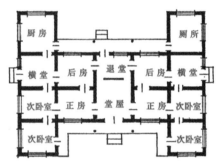

图2-2-14 衡阳市南岳区某宅
（图片来源：陆元鼎.中国民居建筑（中）[M].
北京：中国建筑工业出版社，2003：459）

在东南角或西北角不同，湖南地区合院式住宅的对外槽门多结合地形条件，考虑出入方便等因素，大门既有开在正中的，也有开在前面一侧的。

1. 正屋—院门—两侧围墙

这种布局方式是在正屋与院门之间用围墙围合，院门多为一间门屋，或直接开在前面的围墙上，置较高的门庐以强化入口。农村的小型住宅多采用此种形式。

2. 正屋—门屋（倒座）—两侧围墙

这种布局形式与前一种布局的区别是将前面的院墙改建为门房（"门屋"或"倒座"），门房多为家庭作坊和堆放杂物之所。此种布局形式的住宅在湖南地区也较多（图 2-2-15、图 2-2-16）。

3. 三合院

三合院是一正二横的"冖"形平面的发展，即在正房前各建厢房一座，前设围墙和院门。大户人家住宅多用此种布局形式(图2-2-17～图2-2-21)。

4.四合院

四合院住宅是三合院住宅的发展,即将三合院前的围墙和院门改建为门房,中间为较小的院落,院落四周可设檐下走廊联系。过去,富贵人家住宅多为前后两进或多进、左右厢房围成的庭院式,配以天井。在这种形式的平面中,公共空间与私密空间分明,庭院内花木扶疏,安全宁静,别有生活韵味(图2-2-22～图2-2-29)。

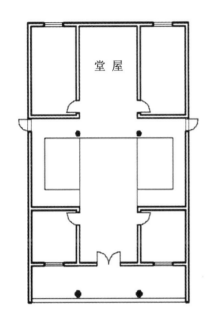

图2-2-15 耒阳市坪洲湾村民居平面
(图片来源:耒阳市住建局)

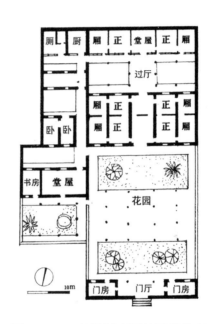

图2-2-16 长沙城南区的清代住宅
(图片来源:杨慎初.湖南传统建筑[M].长沙:湖南教育出版社,1993)

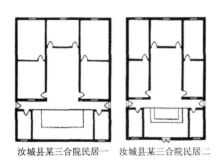

汝城县某三合院民居一　汝城县某三合院民居二

图2-2-17 汝城县某三合院民居平面
(图片来源:唐晔.湘南汝城传统村落人居环境研究[D].广州:华南理工大学,2005)

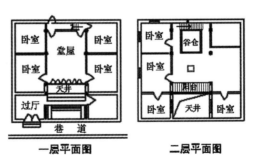

一层平面图　　　二层平面图

图2-2-18 上甘棠村132号住宅
(图片来源:作者自绘)

图2-2-19　长沙县黄兴故居正屋外景
（图片来源：杨慎初.湖南传统建筑[M].
长沙：湖南教育出版社，1993.）

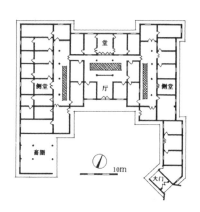

图2-2-20　长沙县黄兴故居正屋平面
（图片来源：杨慎初.湖南传统建筑[M].
长沙：湖南教育出版社，1993.）

图2-2-21　汝城县卢阳镇上水东村
"十八栋"民居单体
（图片来源：谭绥亨绘）

图2-2-22　毛泽东故居平面图
（图片来源：陆元鼎.中国民居建筑（中）[M].
北京：中国建筑工业出版社，2003：465）

图2-2-23　毛泽东故居外景
（图片来源：作者自摄）

图2-2-24　长沙县清末民初的住宅
（图片来源：杨慎初.湖南传统建筑[M].长
沙：湖南教育出版社，1993.）

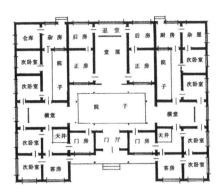

图2-2-25　湘潭县伍家花园某宅

（图片来源：陆元鼎.中国民居建筑（中）[M].
北京：中国建筑工业出版社，2003：461）

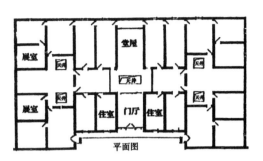

图2-2-26　醴陵市李立三故居平面

（图片来源：陆元鼎.中国民居建筑（中）[M].
北京：中国建筑工业出版社，2003：468）

图2-2-27　醴陵市李立三故居外景

（图片来源：黄家谨，邱灿江.湖南传统民居.
长沙：湖南大学出版社，2006.）

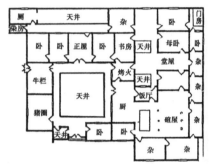

图2-2-28　刘少奇故居平面图

（图片来源：陆元鼎.中国民居建筑（中）[M].
北京：中国建筑工业出版社，2003：466）

图2-2-29　刘少奇故居内院

（图片来源：黄家谨，邱灿江.湖南传统民居.长沙：湖南大学出版社，2006.）

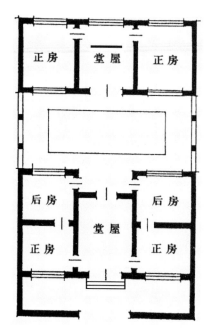

图2-2-30 湘潭市某宅

（图片来源：贺业钜.湘中民居调查[J].
建筑学报，1957（03）：56）

三、正屋重叠式

这种布局方式是由若干正屋沿纵轴方向重叠式排列，两侧没有横屋，只设院墙。这种平面式样流行于近代城市中等以下的出租住宅，空间形式和建筑构造都简单，造价经济，适宜于分进出租，适应于纵深较大的基地（图 2-2-30）。城镇街坊中一般为"前店后宅"形式。

大型住宅多半是由上述基本形式混合而成，"┌"形和"┝"形可以视为基本单位，有多进正屋和横屋，院落和天井也较多（图 2-2-31）。

四、瑶族民居平面形式及特点

（一）总体特点

湘江流域是湖南省瑶族居民最多、最为集中的区域，尤以湘南永州地区为最。瑶族民居融合了当地民俗和自然的生态环境，形成了自己特有的建筑艺术特色。平地瑶族往往由数户组

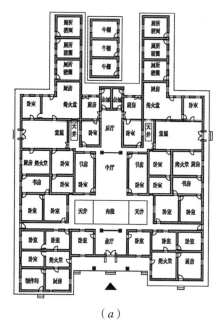

（a）

（b）

图2-2-31 张谷英村某民居平面

（a）平面图；（b）主入口照片

（图片来源：作者自绘）

成村寨，聚族而居，一个村寨，往往就是一个家族。在长期的迁徙过程中，平地瑶族总体上"大分散、小集中"，与当地其他民族交错杂居。平地瑶族民居多为院落式，但大规模且排列有规律的村落很少。受地区的地理环境，如山地地形和炎热潮湿气候影响，山地瑶族民居一般是沿着山谷，依山临水或临路而建，一般是单家独屋居住，户与户之间相距较远，单体的朝向不受限制。山地瑶族民居多为吊脚楼式和干栏式。

出于防卫和安全考虑，平地瑶族民居建筑一般设前院，门窗开向内院。两层以上瑶族民居一般在前檐下设吊脚柱外廊（分落地与不落地两种），便于晾晒衣物、庄稼和存放杂物。这条外廊也是瑶族民居的特征之一。

与地区汉族民居相似，瑶族民居正房沿进深方向多分为前、后两间，楼梯设在堂屋后面的退堂内或者正房后面的小间内。瑶居厨房一般都设在正房后部，灶前地上挖"地火塘"，也有的火塘单独成一间。地火塘在做饭时产生的烟用来熏制腊肉，以便长期存放。地火塘也是冬天一家人取暖的地方。瑶族民居二楼一般不住人，主要用于堆放杂物。与汉族民居一样，堂屋是家中的神圣空间，一般在后墙上设祖先坛和神位，列天地君亲师诸神位。少数瑶宅祖坛在堂屋的左侧或右侧，如江华横江村邓宅。火塘也是家庭生活的中心之一，不容踏越。

瑶族习俗规定，男子娶妻生活独立，都要分居，择地另建新屋。因而每家人口不多，住宅多为三、五开间，名曰"三间堂"、"五间堂"。瑶族住宅多以一家一户为单元，左邻右舍，互不搭垛，以防失火。屋顶形式多样，悬山、歇山、硬山都有，以悬山居多。

过去，深山里的瑶民住房大多数是就地取材，除地基和柱础部分用石料外，四壁多用小木条扎成，俗称"四个柱头下地"[1]。亦有的墙体全用木板，称作木板房。窗用木栅格。屋面和屋脊有用秋后的杉树皮（常称为"树皮屋"）或茅草覆盖，呈人字形。为了防止风将屋面吹起，树皮用竹皮绳捆于檩条上，再在上面隔一定的距离用两根原木分别压住。这两根原木随坡顶在屋脊处交叉，交叉处用竹皮绳绑牢，俗称"叉叉房"。梁柱的结合不用钉子，屋面与檩条、檩条与横梁都靠竹皮绳扎牢。整个房屋结构类似于现代的框架结构，内外墙只起分隔作用[2]。

后期居住固定以后，有的瑶寨民居为土墙灰瓦，如宁远县九疑山瑶族乡牛亚岭瑶寨。牛亚岭瑶寨民居内院两边还保留有部分树皮屋面（图2-2-32～图2-2-35）。有的瑶民在山区挖洞，洞外架茅屋，洞内为居室，洞外作厨房，俗称"半边居"[3]。

[1]　零陵地区地方志编纂委员会. 零陵地区志 [M]. 长沙：湖南人民出版社，2001：1567.
[2]　叶强. 湘南瑶族民居初探 [J]. 华中建筑，1990（02）：60-63.
[3]　零陵地区地方志编纂委员会. 零陵地区志 [M]. 长沙：湖南人民出版社，2001：1567.

49

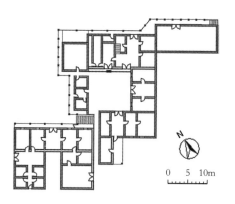

图2-2-32　牛亚岭瑶寨平面
（图片来源：永州市文物管理处）

图2-2-33　牛亚岭瑶寨局部远景
（图片来源：作者自摄）

50

图2-2-34　牛亚岭瑶寨局部近景
（图片来源：作者自摄）

图2-2-35　牛亚岭瑶寨内的树皮屋面
（图片来源：作者自摄）

（二）单体的基本形式及特点

根据平面形式的不同,可将湘南瑶族民居单体分为四大基本类型："凹"字式、"四"字式、"回"字式和吊脚楼式。主要包括堂屋、卧室、厨房、火堂、粮仓、洗浴等空间。单体建筑典型形制为三开间、"一明两暗"的平面布局。中间轴线上为堂屋,两侧正房（卧室）对称布置。堂屋较两侧正房宽大,通高到顶。正房多为两层,层高有时不到堂屋高度的一半。梁柱结构房屋多为五柱进深,可以是五柱七瓜、五柱九瓜或五柱十一瓜,主要根据用地的多少和经济情况而定[1]。由于瑶山空气湿度较大,四种形式的外墙都比较封闭,窗户很小,层高也低。

1. "凹"字式

"凹"字式的特点是矩形平面首层正中的堂屋向内凹进,堂屋大门的墙体与左右的正房墙体不在同一条直线上,首层户门外无柱。二层向外出

[1]　黄善言. 湖南江华瑶族民居 [A]// 陆元鼎. 民居史论与文化：中国传统民居国际学术研讨会论文集 [C]. 广州：华南理工大学出版社,1995: 128-131.

挑，设通长的吊脚柱外廊（图2-2-36）。

2.“四”字式

“四”字式的首层平面也为矩形，与“凹”字式相比较，其首层堂屋大门的墙体与左右正房墙体在同一条直线上，且房前立通高柱廊（檐柱），左右正房在二层向外出挑为阳台（图2-2-37）。

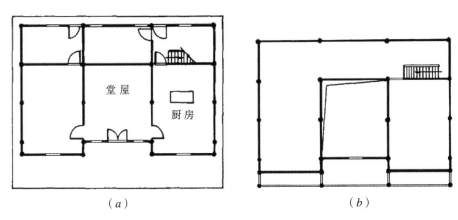

（a） （b）

图2-2-36 湘南“凹”字式瑶族民居平面
（a）“凹”字式瑶族民居一层平面；（b）“凹”字式瑶族民居二层平面
（图片来源：叶强. 湘南瑶族民居初探[J].华中建筑，1990（02）:62）

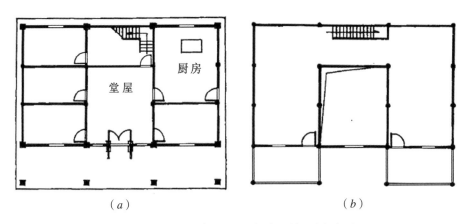

（a） （b）

图2-2-37 湘南“四”字式瑶族民居平面
（a）“四”字式瑶族民居一层平面；（b）“四”字式瑶族民居二层平面
（图片来源：叶强. 湘南瑶族民居初探[J].华中建筑，1990（02）:63）

3.“回”字式

“回”字式又称“四合水式”，有人称其为汉式瑶宅。特点是在正屋两侧正房前伸出厢房，正屋前设门屋或门墙式大门，形成一个四合院（天井）。厅堂主要靠内院（天井）采光通风，窗户很小，主要的居室较暗，但是冬暖夏凉。正屋和厢房在二层均设吊脚柱外廊，形成跑马廊或门字形走廊。

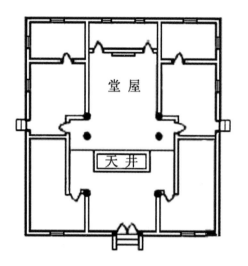

图2-2-38　江华县河路口镇牛路村
李宅平面

（图片来源：成长．江华瑶族民居环境特征
研究 [D]．长沙：湖南大学，2004:41）

52

首层室内地坪标高和建筑立面均为前低后高，层次分明。如江华瑶族自治县河路口镇牛路村李宅（图2-2-38）。

4.吊脚楼式／干栏式

湘南瑶族为适应地区气候炎热多雨，山区可供成片建造房屋的平地少的特点，往往选择坡度较为平缓、取水方便、风光优美的地方，平地立柱建房，形成吊脚楼式或干栏式瑶族民居。

吊脚楼式又称吊瓜式，其特点是主要堂、室落于平整的土地上，其他部分依据地势用长短不一的杉木柱支撑，架木铺板，与挖平的屋场地合为一个平坦的整体，再在此整体上建房。底部架空部分用作牲畜栏或堆放杂物，上部外伸做成吊脚柱长廊，部分长廊上设阳台，形式十分优美，如宁远县瑶族乡牛亚岭瑶寨内民居的吊脚柱长廊。与其他少数民族，如侗族、土家族一样，瑶族吊脚楼的形式多种多样，主要有以下几种：

（1）单吊式，这是最普遍的一种形式，只是正屋一端的前面有伸出悬空厢房，下面用木柱支撑，有人称之为"一头吊"或"钥匙头"。

（2）双吊式，即在正屋的两端皆有伸出悬空厢房，有人称之为"双头吊"或"撮箕口"，它是单吊式的发展。单吊式和双吊式并不以地域的不同而形成，主要看经济条件和家庭需要而定，单吊式和双吊式常常共处一地。在双吊式的前面设院门便形成上面所说的"四合水式"瑶宅。

（3）二屋吊式，这种形式是在单吊和双吊的基础上发展起来的，即在一般吊脚楼上再加一层，单吊、双吊均适用。

（4）平地起吊式，这种形式多建在平坝中，按地形本不需要吊脚，却偏偏将厢房抬起，用木柱支撑。支撑用木柱所落地面和正屋地面平齐。

（5）整座建筑底部用木柱架空便形成干栏式，底部架空层为牲畜栏或堆放杂物，上面为居民生活空间，设木楼梯上下（图2-2-39）。干栏式取地较平整。

湘南瑶族吊脚楼式／干栏式民居主要分布于勾挂岭以东地区，如江华瑶族自治县的湘江乡、贝江乡、务江乡、花江乡、大锡乡、两岔河乡、未竹口乡、大圩镇、小圩镇、码市镇、水口镇等地的山区，都有许多瑶族吊脚楼式／干栏式民居（图2-2-40）。

图2-2-39　宁远县瑶族乡牛亚岭
村干栏式木板房
（图片来源：作者自摄）

图2-2-40　江华县湘江乡瑶寨
（图片来源：黄家谨, 邱灿江. 湖南传统民居. 长沙：
湖南大学出版社，2006.151）

上述瑶族民居平面的四种基本形式中，"凹"字式和"回"字式主要为平地瑶所用，其他两种多为山地瑶常用。四种形式的外墙都比较封闭，窗户很小，层高也低。

（三）院落式瑶居空间构成

平地瑶族民居多为院落式，一般由室内空间、院落（天井）、外廊、女间、花园和晒坝等组成。民居建筑以院落（天井）为中心组成住宅单元，纵深布局，中轴对称，对外封闭。廊有内回廊、凹廊、外挑廊等多种形式。女间是待嫁女子交流、学习、生活的院落空间，是间主向她们传授知识、经验的场所，如江华县大圩镇宝镜村新屋内的女间，见第三章第七节。晒坝为居民晾晒谷物之处，多位于房前。

院落式瑶族民居的建筑空间、构造和装饰等方面与汉族民居都有许多相同之处，规模较大的瑶族民居以纵列多进式天井（院落）为中心组成住宅单元，布局紧凑。

（四）成因与演变——瑶族村落例举

过去，湘南山区瑶民由于交通不便、生产力低下、经济发展缓慢，民居建筑多就地取材，量材而用，多用原木、自然石，色彩清新素雅。经济发展速度和与外界交往的程度不同，湘南瑶居环境的发展也不同。相对而言，湘南勾挂岭以西地区瑶族受汉族文化影响较大，居住环境与汉族居住环境有许多相似性特征，因此其文化（包括建筑文化在内）表现出与其他民族，尤其是与汉族文化有诸多的相似性。平地瑶族民居与本地的汉族等民居最基本的平面形式较接近，但不如汉族民居的组合方式变化多，而建筑风格融合了汉、瑶、壮等多个民族的风格，建筑装饰较多。而勾挂岭以东地区瑶族受汉族文化影响相对较小，因此特色更强，民居建筑用天然的石料、木材和土坯墙较多，建筑除堂屋内有所装饰外，其他地方装饰很少。

53

山地瑶族民居多为吊脚楼式和干栏式，是其适应地区山地地形和炎热潮湿气候的结果。民居建筑建于山区，户外活动及邻里交往空间十分有限，所以走廊则显得十分重要。户外走廊（阳台）的设置，不仅可以晾晒衣物和堆放杂物，而且满足了瑶民的日常生活、生产需要，姑娘们、妇女们可以在走廊里绣花、编织、照看小孩，与邻居聊天。

虽然瑶族在日常生活、生产、语言以及服饰等方面与汉族存在诸多差异，但在长期的交流过程中，瑶族文化在社会价值、观念体系、宗教信仰、建筑特点等方面也表现出与汉族文化有诸多的相似性。如建筑空间、建筑材料、施工做法、装饰图案、建筑形态（如金子山墙、封火山墙）、讲究风水等，与当地汉族民居都有许多相同之处。以江永县的小河边村扶灵瑶和清溪村清溪瑶、汝城县沙洲瑶族村，以及江华县井头湾村为例。

1. 江永县小河边村

江永县城西南48km的源口瑶族乡小河边村扶灵瑶首家大院是四大民瑶（清溪瑶、古调瑶、扶灵瑶、勾兰瑶）之一，始建于明代天启年间，现留存下的首家大院为咸丰至光绪年间建造，主体建筑由四座小院和首家宗祠组成。四座小院分别为：居之安小院、补拙山房、星聚小院和允城小院。村中20余栋古民居，全为砖木结构，二层楼房，小青瓦屋面，金子山墙檐下冠以白色腰带（图2-2-41）。首家大院是地区民族文化相互影响、互动吸收和融合发展的结晶。四座小院虽大小略有差异，但结构与风格相似。无论是建筑空间、建筑形态，还是建筑的细部装饰，处处都体现着汉族民居的建筑文化特点。如壁檐上丰富多彩的浮雕图案，窗格及扶栏上栩栩如生的龙凤、鸟兽（如喜鹊、鹤鹿）、虫鱼，以及松、梅等花木雕饰（图2-2-42），门头上形式与雕刻内容多样的门簪等，都与汉族民居有很多相同之处。首家大院的门簪有扇形、八边形、四方形、圆形等多种形式，雕刻的内容有麒麟、太极八卦、如意、花卉等，与汉族民居有很多相似之处，而且有些内容是其他地方少见的（图2-2-43）。

2. 江永县清溪村

江永县城西南约50 km的粗石江镇清溪村是清溪瑶的聚居地。唐天佑年间（926～930年）周、蒋、田等姓瑶民先后迁入清溪定居，是一个古老的千年古瑶村落。现存的碑刻、史志等文字资料，以及宗教信仰和建筑特点表明，清溪瑶对汉文化的吸收无处不在，与汉

图2-2-41　江永县扶灵瑶首家大院俯视图
（图片来源：永州市文物管理处）

图2-2-42　江永县扶灵瑶首家大院内的格子窗雕饰组图
（图片来源：永州市文物管理处）

图2-2-43　江永县扶灵瑶首家大院内的各式门簪组图
（图片来源：永州市文物管理处）

族文化有诸多的相似性。为了镇风水、旺文风、启智利学业，瑶民于乾隆
四十六年（1781 年）在村旁建造了"文峰寺"和"文峰塔"。建筑群总体
占地 1500m²，是清溪瑶民读书、儒教、佛教的活动中心。"文峰寺"坐北
朝南，塔寺供奉孔夫子、徐夫子，是瑶族尊孔、追崇儒家、佛教的活动场所。
充分体现了对儒家文化、佛教文化的借鉴和吸收，是地区族群文化互动与
共生的具体实例。"文峰塔"为七级八面楼阁式砖塔，塔身底层直径 10m，
周长 33.2m，总高 36m，建造工艺精湛，是瑶族地区保存较好的唯一古塔（图
2-2-44）。

图2-2-44　江永县清溪村后山俯视村落及文峰塔

（图片来源：永州市文物管理处）

3. 汝城县沙洲村

距离汝城县城约50km的文明镇沙洲瑶族村，坐东朝西，依山傍水，风景秀丽，村落传统风貌保存较好。村落后靠云遮雾绕的"寒山"高峰，左依雄奇伟岸的"百丈岭"，右抚险峻挺拔的"雪公寨"，前望俊美秀丽的"笔架山"，门前环流"滁水河"。

沙洲村现保留有41栋古民居，以朱氏宗祠为中心，整体布局呈"行列"式，巷道、沟渠为村落的基本骨架，并按照"前栋不能高于后栋，最高不能超过祠堂"的旧习。村落主要由祠堂、民居、古桥、古井、古庙、古巷道等构成。古民居建筑外形以"一明两暗"三开间、青砖"金包银"硬山顶一重封火墙为主；体量以面宽11m、进深8.9m为主；巷道和排水沟用青石板、河卵石铺砌，巷道宽度多为1.5m。民居建筑就地取材，结构简单，装饰素雅淡秀；灰墙黛瓦，屋角高起的马头墙异彩纷呈；檐下饰彩绘、石雕、砖雕等，山水、人物、花鸟栩栩如生；雕花格窗、门簪等随处可见（图2-2-45～图2-2-50）。

与汉族民居村落一样，沙洲村中的祠堂等公共建筑是村落中最重要的公共活动中心和精神中心，井台、朝门、广场是人们日常交往的活动空间，庙宇、楣杆石等是文化旌表性物质载体。沙洲村古民居建筑在建筑空间布局、建筑形态、建筑构造做法、建筑装饰图案、民俗文化等方面与地区汉族文化亦有诸多的相似性，也是地区族群文化互动与共生的具体实例。2010年沙洲村被评为省级生态村，现为红色旅游景区。

4. 江华县井头湾村

江华瑶族自治县沱江城南约42km的大石桥乡井头湾村，始建于明末

图2-2-45　汝城县沙洲瑶族村局部鸟瞰
（图片来源：汝城县住建局）

图2-2-46　汝城县沙洲瑶族村民居
（图片来源：作者自摄）

图2-2-47　汝城县沙洲瑶族村祠堂与局部民居
（图片来源：作者自摄）

图2-2-48　汝城县沙洲瑶族村民居堂屋内神龛组图
（图片来源：作者自摄）

图2-2-49　汝城县沙洲瑶族村民居装饰组图
（图片来源：作者自摄）

图2-2-50　汝城县沙洲瑶族村祠堂内景
（图片来源：作者自摄）

清初，由老屋地、井头湾古建筑群、现代民居、井头泉井等组成，占地260亩，规模庞大，气势恢宏。全村1500余人，全部姓蒋，为族居村落。蒋氏先祖原住老屋地，有"十二户人家十二个顶子"之传说。清康熙年间，蒋汝新携子蒋宗文、蒋宗易在井头湾溪边落户。之后人丁兴旺，家业渐大，遂成规模。现存完好古民居50余座，占地40多亩（图 2-2-51）。

井头湾村位于潇贺古道上，主要民族为瑶族。因村南面山脚有天然之井头泉井而名，此井水源清爽，水流量大，泪流不断，分三流成溪，蜿蜒流经全村，村庄因溪而布局，井溪时而伴建筑而流，时而穿建筑而过（图2-2-52、图 2-2-53）。

村中建筑沿古井四周分布，以四合院格局为主，青砖灰瓦，错落有致，为湘南地区少有的建于水面之上的独体民居群。与山区的高山瑶建筑中的吊脚楼、半边楼不同，井头湾村民居风格是典型的平地瑶建筑，主体建筑与徽派建筑风格相似。整个村落依着水势比邻而居，是一个既有瑶族文化特色，又有江南水乡特点的古老村落。古建筑群是瑶族地区瑶汉杂居民居的典范，其建筑风格集江华平地瑶文化与广西梧州瑶文化为一体。

井头湾古民居分为两个部分，即宗文族部分和宗易族部分。宗文族部分由上屋顶民居及门楼组成。宗易族部分由三进天井屋和上下屋民居及八字门文昌楼组成（图2-2-54～图2-2-56）。三进天井屋创建于1830～1832年，分上、中、下三座。上下屋民居于1843年建成，分为上、下两座。两大宅院比邻而建，门庭严谨，高墙耸立，青石铺地，天井相间。宅院的梁枋、门窗、石墩、柱础、墙头等部位大多采用精湛的传统木石雕刻工艺装饰。松竹梅兰、龙凤戏珠、麒麟游宫、鲤跃龙门、喜鹊、祥云、仙鹤、仙桃、花鸟等图案，神形兼备，栩栩如生。

图2-2-51　井头湾村鸟瞰
（图片来源：江华县住建局）

图2-2-52　井头湾村溪水及两侧
建筑景观
（图片来源：江华县住建局）

图2-2-53　井头湾村的榭楼
（图片来源：江华县住建局）

图2-2-54　井头湾村三进屋内景
（图片来源：江华县住建局）

图2-2-55　井头湾村的上门楼
（图片来源：江华县住建局）

图2-2-56　井头湾村的下门楼
（图片来源：黄璞摄）

第三节 传统村落及大屋民居的空间构成

本节主要分析湘江流域传统村落及大屋民居的空间构成及其特点。

一、主体空间与附属空间

湘江流域传统村落及大屋民居在空间形态构成上，表现的是一个宏大、变幻及丰富的空间组合，体现了中国传统哲学的"以人为本"原则及建筑美学的对立统一原则，同时也体现了中国传统建筑布局的"内向"性。所有传统村落及大屋民居的建筑空间，主次分明，明暗相间，开敞与封闭并存，对立统一。闭和暗，在于厅堂两侧的居室；敞和明，在于房间之间的天井（院落）与厅堂。庭院式民居以"内向"性布局为主，利用天井或院落组成户内的室外活动空间，庭院内花木扶疏，应有尽有，安全宁静。四周为建筑或围墙，对外相对封闭。传统村落及大屋民居在空间构成上主要有槽门、堂屋、正房、过厅、过亭、阁楼、院落、天井、房廊与巷道、灶堂与火房、晒场、水井、水塘、祠庙、桥涵、风水塔、图腾等要素。

（一）主体空间布局

中外建筑单体都讲究对称，但中国建筑的空间布局尤以轴线对称见长。这主要体现在受中国"周礼"思想影响较大的建筑体系当中，如古代的都城规划和寺庙布局，都以主要建筑位于中轴线上，次要建筑位于两侧，左右对称布局。以房屋、墙垣等围合成院落（或天井），以院（或天井）为中心；或是以主单元（正殿、正厅）为中心，次单元（两厢）围绕主单元，一正两厢，并以抄手廊连接，组成建筑群体或一座建筑[1]。"院子"成为建筑平面的组成部分，室内外空间融为一体，以房廊作为过渡空间，院周围建筑互不独立，相互联系，注重人与生活、人与自然的和谐关系。

湘江流域一般民居的平面布局，几乎都是房屋两端山墙在前面出耳，形成前廊后厅。前廊一般较宽，1.5m以上，便于人们活动和堆放临时农具和谷物。而作为我国传统建筑文化杰作的大屋民居，建筑布局都有明显的中轴线，轴线进深方向和两侧都以院落（或天井）为中心组织建筑空间，纵横铺陈，形成纵横多条轴线的庭院空间。所有大屋总体布局都是依地形呈"干支式"结构，内部按长幼划分家支用房。纵轴为主"干"，分长幼，主轴为祖堂或上堂所在；次轴为"支"，同一平行方向为同辈不

---

[1] 赵冬日. 我对中国建筑的理解与展望 [A] // 顾孟潮，张在元. 中国建筑评析与展望 [C]. 天津：天津科学技术出版社，1989.

同支的家庭用房。主堂屋与横堂屋皆以院落（或天井）为中心组成单元，分则自成庭院，合则贯为一体，你中有我，我中有你，独立、完整而宁静。体现了强烈的儒家"合中"意识和浓郁的世俗伦理观念。穿行其间，"晴不曝日，雨不湿鞋"。

（二）槽门与堂屋

1. 槽门

湘江流域所有大屋民居入口多设"屋宇式"槽门，入口大门一般开在槽门的正中间。槽门多为立柱前廊式，外墙多做成向外撇开的八字形。视前廊的长短，阶檐有设柱和不设柱的。如岳阳县张谷英大屋八字形的当大门、浏阳市文家市镇五神村桥头组的彭家大屋（图2-3-1）、永州市干岩头村周家大院"老院子"的入口阶檐都没有立柱，而浏阳市的新开村沈家大屋、清江村桃树湾刘家大屋、楚东村锦绶堂涂家大屋（图2-3-2），衡阳市的宝盖村廖家大屋，永州市的谈文溪村郑家大院、井头湾村、干岩头村周家大院"红门楼"和"黑门楼"，郴州市的黄家塝村、千家岸村、南衙村等大屋民居或村落的入口门楼出檐较多，大门的阶檐下都有立柱。槽门的大门朝向是大屋的"风水方向"所在。规模小的庭院式民居多设"门墙式"大门（图2-3-3）。

图2-3-1　彭家大屋入口槽门　　　　　图2-3-2　涂家大屋入口槽门
（图片来源：作者自摄）　　　　　　　（图片来源：作者自摄）

2. 堂屋

民居中堂屋是主体建筑的核心，一般位于主轴线上。湘江流域的民居建筑也不例外。堂屋多为一个大进深，空间一般不作分割。通过堂屋联系左右的卧室、厢房和厨房。堂屋不仅是日常活动的主要场所，也是一家或一族的精神所在。一般在堂屋后部正中设神龛，供奉祖先牌位和神灵的塑像，高度为稍稍高出人的视线，也有将祖先牌位和神灵的塑像放在堂屋后部上方的。单体民居建筑中，堂屋后部一般不开门，也有少数在堂屋一侧（或两侧）向外开门或开门向堂屋后退堂（接背堂）的。院落式民居建

图2-3-3 下灌村民居门庐
（图片来源：作者自摄）

筑中，堂屋前部一般向庭院敞开，形成厅，也有用隔扇门的，便于采光和通风。多进式院落的中轴线上有多个厅堂（一侧或两侧有门）或过亭，如张谷英大屋当大门和王家塅的主轴线上各有四个厅堂，沈家大屋永庆堂正厅中轴线上依次为前厅、过亭、后厅。由于使用频繁、位置特殊，堂屋一般建造得宽而且较高。在多进院落式的民居建筑群中，主轴线上的厅堂要比次轴线上的厅堂相对更为高大、空旷，威武而庄严，为长辈使用。如张谷英大屋当大门主轴线上的主堂屋高达 7.8m，侧轴线上的侧堂屋高度为 6.4m 左右；主堂屋为一层高，不设楼层；而主轴线两侧的卧室、厢房，高二层（图 2-3-4、图 2-3-5）。普通民居中，有的在入口门墙的内侧上方设联系左右房间楼层的通道。

（三）楼层与阁楼

湘江流域院落式民居中，轴线上的厅堂高而且明亮，两侧多为两层的卧室、厢房。现存的大屋民居或聚族村落中，家族成员在历史上或为官宦，或为富商，所以建筑比较高大。正屋一般都在 7m 以上，其他房屋稍低于正屋。厅堂一般不设楼层，通高见顶。设楼层的卧室、厢房为木楼板，楼上储粮，堆农具、杂物，也可置床住人。大屋民居中，有时在过厅上方设阁楼，或在楼上沿天井四周设回廊，如浏阳市大围山镇楚东村锦绶堂涂家大屋、岳阳市平江县黄泥湾叶家新屋和桂东县贝溪乡贝溪村等民居建筑内

图2-3-4 张谷英大屋当大门中轴线上的第一个厅堂
（图片来源：作者自摄）

图2-3-5 张谷英大屋当大门中轴线上的天井与阁楼
（图片来源：作者自摄）

还保留有这样的用房（图 2-3-6 ～图 2-3-8）。浏阳市金刚镇清江村桃树湾刘家大屋中的钱仓、谷仓为附属建筑，其中，谷仓为二楼，木隔板上铺以宽宽的青石砖，青石砖上储粮，至今完好无损。

一般民居，房屋较高大，屋脊有的高达 8m，檐口高 4.5m 以上，进深多在 8m 以上。堂屋两侧的卧室、厢房多为两层，一般一层住人，二层存放物品。因为房屋进深大、屋顶高，很多民居在堂屋前部上方做吊顶形成阁楼。

（四）正房与辅助用房

民居建筑中，堂屋两侧为卧室、厢房和厨房。卧室在民居中称为正房，多紧邻堂屋两侧。

湘江流域传统民居建筑中，厨房一般位于民居建筑的端部厢房中，或者位于前后两侧的耳房中，与烤火房相连或与烤火房在同一空间内。有的民居在厨房灶前地上挖"地火塘"（图 2-3-9）。湘江流域四季分明，冬寒夏热。农家夏天多在前坪和晒谷坪纳凉至夜深人静，冬天喜欢围炉共话。一般厅

图2-3-6　锦绥堂涂家大屋的阁楼及
回廊
（图片来源：作者自摄）

图2-3-7　黄泥湾叶家新屋的阁楼及
回廊
（图片来源：作者自摄）

图2-3-8　贝溪村民居天井边阁楼与
照壁
（图片来源：桂东县住建局）

图2-3-9　零陵区芬香村民围坐厨房地
火塘烤火景象
（图片来源：永州市文物管理处）

侧必有一间烤火房，冬日客人来访，多引至此屋烤火休息。火炉设在烤火房靠窗户的一侧，上悬通钩（亦名火钩、梭钩），钩上挂炊壶、炉罐。炉中多烧松木（又名硬柴）。女人在炉边纺织，男人们边烤火、边聊天抽烟，其乐融融。

厕所和畜圈多结合在一处，放在民居建筑的外围，下风向。大屋民居的厕所和畜圈一般对内开门。厕所在古代有多种称谓，如"溷"（猪圈）、"圊"（粪槽）、"溷轩"、"圊溷"等，但在古籍中很少提到。"'厕'这一名词也早在春秋时就已出现，但以后也是厕圈不分，《汉书·燕刺王旦传》上有'厕中豕群出'的记载，说明厕也是猪圈。这种厕圈不分的情况在中国许多地区一直保存到今天。"[1]

一般民居中，堂屋两侧的房间分前后两部分，前面为厢房、火堂和厨房，后面为卧室。厢房出耳的，多将厨房、厕所和畜圈放在耳房内。

二、联系空间

（一）院落与天井

以院落（天井）为中心组织建筑群空间是中国传统建筑的特征之一，也是中国传统建筑的灵魂。贝聿铭先生在讲到中国建筑民族化问题时说，需要在传统建筑艺术的基础上找到一条道路、一种风格，一种为中华民族所特有的、与其他国家和民族不同的形式，如虚的部分——大屋顶之间的庭院、墙上的漏窗、中国建筑特有的色彩、园林布局等。

南方地区，民居一般以庭院、天井、回廊和楼梯为一体来组织室内外和楼层间的空间关系。院落和天井成为空间组织的中心，主要用于通风、采光。

湘江流域传统民居建筑中的天井多为方正空间，少数为长条形的。天井面积不大，一般为 $5m^2$ 左右，大屋民居中也有超过 $10m^2$ 的。天井四周及抄手廊的边沿多用当地产的条石铺砌，天井中间也多用条石铺墁或砌成台地，种植花卉或摆设盆景，很少不用石砌的（图 2-3-10 ~ 图 2-3-13）。天井四周的建筑装饰集中在檐下、隔扇、横披、门头及二楼沿天井四周的回廊等处。过去没有时钟，人们常在较大天井中立竿，观日影计时，如张谷英大屋当大门中轴线上"接官厅"天井中还保留有当时人们用来插罗杆观测日影风向的石眼。庭院、天井和堂屋一起成为民居中的家庭活动中心。

（二）过厅与过亭

过厅、过亭，又称过庭或罩庭，较一般意义上的走廊宽，一般位于大

[1] 王其钧. 民俗文化对民居型制的制约 [A]// 黄浩. 中国传统民居与文化（四）[C]. 北京：中国建筑工业出版社,1996: 69.

图2-3-10　资兴市三都镇中田村民居
堂屋前天井
（图片来源：资兴市住建局）

图2-3-11　资兴市蓼江镇秧田村
民居堂屋前天井
（图片来源：资兴市住建局）

图2-3-12　苏仙区栖凤渡镇岗脚村民
居天井空间
（图片来源：郴州市住建局）

图2-3-13　资兴市三都镇流华湾
村民居天井空间
（图片来源：资兴市住建局）

屋民居的主轴线上，是两进正屋之间的联系体，联系前后两个厅堂，是重
要联系空间。过厅、过亭多为一层高，一般比正屋稍矮，如张谷英大屋、
桃树湾刘家大屋、锦绶堂涂家大屋、沈家大屋、汩罗市弼时镇唐家桥村任
弼时故居、资兴市蓼江镇秧田村、祁阳县潘市镇侧树坪村四房院等民居建

筑中的过厅（图2-3-14～图2-3-17）；有的只有正房的檐口高，如黄泥湾叶家大屋等；也有的比两侧的正屋高，如永州市祁阳县潘市镇龙溪村李家大院正堂屋轴线上的多个过亭，均高于正屋（图2-3-18）。

图2-3-14　沈家大屋内的过厅
（图片来源：作者自摄）

图2-3-15　任弼时故居堂屋前过厅
（图片来源：作者自摄）

图2-3-16　资兴市蓼江镇秧田村民居
堂屋前天井与过厅
（图片来源：资兴市住建局）

图2-3-17　祁阳县潘市镇侧树坪村四
房院中过厅
（图片来源：祁阳县住建局）

图2-3-18　龙溪村李家大院正堂屋上过亭
（图片来源：祁阳县农村规划办公室）

过厅、过亭一般不设门，左右两面多为天井，富实之家有在天井一侧或两侧设隔扇门和横披的；也有在过厅一侧或两侧另加过道的，这样过厅成了独立部分，可作茶食等家庭活动空间。富实之家的过亭上部多用藻井装饰，如锦绶堂涂家大屋和桃树湾刘家大屋。"在中等以上的住宅中，过庭装设有很美丽的栏杆，布置有吊兰等盆景以资点缀，可为夏天纳凉坐息之地。"[1]

（三）房廊与巷道

湘江流域位于湖南省东南部地区，南岭以北，处在东南季风和西南季风相交绥的地带，周围山地阻隔，不易散热。夏季潮湿闷热，而且延续时间较长，属于典型的亚热带季风湿润气候，所以一般民居四周屋檐出挑较多，以遮阳和防止雨水污湿墙面。前面多是利用房屋两端山墙出耳、中间开间立柱，形成房屋前走廊。房廊，檐宽一般为 1.5～2m。房廊是室内外空间的过渡部分，收获季节可临时堆放农具等，在夏季起到了很好的遮阳作用，也是很好的休息空间。

巷道是传统大屋民居空间形态构成的重要组成部分，作用非常明显，它既将不同轴线上的空间分隔开来，形成空间的韵律和节奏，又将它们联系起来。湘江流域传统村落和大屋民居中的巷道，一般宽 1m 左右。大屋民居中，常常在左右需要互通的门道外的巷道处设过亭，便于下雨天联系（图 2-3-19、图 2-3-20），如双牌县理家坪乡板桥村吴家大院、道县龙村、

图2-3-19　道县龙村内巷道　　　　图2-3-20　资兴市流华湾村内巷道
（图片来源：作者自摄）　　　　　（图片来源：资兴市住建局）

67

[1]　贺业钜. 湘中民居调查 [J]. 建筑学报，1957（03）：51-58.

资兴市三都镇流华湾村的巷道上均设有过亭。由于两侧多为青砖墙体，直到屋顶，高度一般超过 7m，所以又是很好的防火带。如遇火灾只需将巷道上的瓦撤开，就很快截断了火路，不会出现一家失火、殃及四邻的情况。

三、公共建筑与公共活动场所

（一）祠堂与戏台

以家族的血缘关系为纽带形成的村落是中国封建社会结构的重要组成部分，是农村政治、经济、文化生活的宽广舞台。家族血缘关系的重要体现者就是村落中的祠堂。祠堂既是祭祀祖先的场所，是宗族的象征和中心，也是传统乡村的礼制性建筑。通过在祠堂内对祖先的祭祀，以同姓血亲关系的延续为纽带，把整个家族成员联系起来，强化村落族亲的宗族群体意识，形成宗族内部的凝聚力和亲和力；通过祠堂制订族规民约、倡导伦理纲常之道，确定宗族成员的道德准则和行为规范，形成村落的文化意识形态。祠堂作为宗族的大型公共活动空间，族内的大型活动及族内其他重大事务的商议都在祠堂内进行，如祭祖、族规的制订、各种喜庆活动、诉讼、商议族内重要事务、教育等。

祠堂有宗祠、支祠和家庙之分。随着族丁的繁衍，宗族人口不断增多，大的宗族派生出许多支系，各支系往往分立支祠。宗祠是整个家族的活动中心，支祠是支系的活动中心。村落在发展过程中，由于不同姓氏的加入，往往建有多座祠堂。

湘江流域至今还保留有许多建于明清或民国初年的祠堂建筑，多为仿宫殿式建筑，数进数开间，青砖木结构，雕梁画栋，图案精美，气派非凡，构思别具一格，展现了民间艺术的风采。这些祠堂大多建在村落之前，前有较大的广场，满足了家族祭祀、宴请、娱乐等公共活动的需要，远远望去颇具庄严肃穆之感。一般都有高大的正殿，陈设和供奉一族或一支（房）祖先牌位。正殿前有庭院或天井（图 2-3-21、图 2-3-22）。

湘江流域内祠堂入口门楼建筑风格的南北地域性差异较大。以衡阳为

图2-3-21　宁远县下灌村李氏宗祠正殿　　　图2-3-22　宁远县下灌村诚公祠正殿
　　　（图片来源：作者自摄）　　　　　　　　　（图片来源：宁远县住建局）

界,上游地区的祠堂入口门楼以"牌楼"式样较多,雕刻繁缛富丽,题材丰富,且鸿门梁上多镂空雕刻龙凤,尤其是郴州地区和永州南部地区,前文已有论述,这里再补充几个图片(图2-3-23～图2-3-25);而下游地区的祠堂入口门楼以门屋形式较多,建筑空间和装饰都相对较为简单,体现了地区历史发展特点(图2-3-26～图2-3-29)。元末明初和明末清初,湘江下游地区往外移民较多,移入的外省居民由于家庭结构简单,兴建祠堂的可能性较

图2-3-23 祁阳县潘市镇侧树坪村杨
氏宗祠
(图片来源:祁阳县住建局)

图2-3-24 汝城县石泉村胡氏宗祠
(图片来源:作者自摄)

图2-3-25 汝城县益道村克绍公祠
(图片来源:作者自摄)

图2-3-26 浏阳市东门涂氏祠堂
(图片来源:作者自摄)

图2-3-27 浏阳市文家市陈氏祠堂
(图片来源:作者自摄)

图2-3-28 浏阳市达浒镇汤氏宗祠
(图片来源:作者自摄)

图2-3-29 浏阳市白沙乡刘氏祠堂
（图片来源：作者自摄）

小。湘江下游地区保留较好的祠堂多在山区移民和战事较少的地方。

湘江流域很多祠堂内设有戏台，有的祠堂大门后即为戏台，戏台下架空为祠堂入口通道，祠堂的门楼就是戏台的后台。戏台两侧环绕廊庑、厢房或高耸的院墙，形成宽敞的院落。永州市祁阳县潘市镇老司里村邓氏宗祠、宁远县湾井镇路亭村王氏宗祠（图2-3-30）、久安背村李氏宗祠（图2-3-31）、东安头村李氏宗祠（图2-3-32）、下灌村李氏宗祠（图2-3-33）、冷水滩区杨村甸乡回龙村王氏宗祠（图2-3-34）、新田县谈文溪村郑氏祠堂（图2-3-35），郴州市北湖区鲁塘镇陂副村邓氏宗祠（图2-3-36）、汝城县土桥镇金山村叶氏家庙（图2-3-37）、桂阳县东城乡庙下村雷氏祠堂（图2-3-38）、莲塘镇锦湖村傅氏家祠（图2-3-39）、桂阳县黄沙坪区沙坪大溪村骆氏宗祠（图2-3-40）、和平镇筱塘村李氏宗祠（图2-3-41）、樟市镇太坪村成氏宗祠（图2-3-42）、长沙县开慧村杨公庙（图2-3-43）等祠庙内的古戏台至今保留完好。

传统乡村祠堂中的戏台不仅是一种建筑形制，更是一方文化展台，是地域文化的一个缩影，是地方世俗生活的真实写照。儒家认为，"礼乐"要并举，要和鸣，儒家十三经之一的《孝经》曰："教民亲爱，莫善于孝；教民礼顺，莫善于悌；移风易俗，莫善于乐；安上治民，莫善于礼。"一方面以"礼"为手段，掩盖着森严的等级制度和不可逾越的"尊卑"、"长幼"秩序；另一方面以"乐"调和天地，维护血缘关系与等级秩序。明清时期，地方乡村中建设的众多戏台正是戏曲"厚人伦，美风化"教化作用的具体

图2-3-30 路亭村王氏宗祠入口后戏台
（图片来源：作者自摄）

图2-3-31 久安背村李氏宗祠入口后戏台
（图片来源：永州市文物管理处）

图2-3-32 东安头村李氏宗祠入口后戏台

（图片来源：薛棠皓摄）

图2-3-33 下灌村李氏宗祠入口后戏台

（图片来源：作者自摄）

图2-3-34 冷水滩区迥龙村王氏宗祠
入口后戏台

（图片来源：永州市文物管理处）

图2-3-35 新田县谈文溪村郑氏祠堂
内戏台

（图片来源：新田县住建局）

图2-3-36 郴州市鲁塘镇陂副村邓氏
宗祠内古戏台

（图片来源：郴州市住建局）

图2-3-37 汝城县金山村叶氏家庙边
古戏台

（图片来源：作者自摄）

图2-3-38 桂阳县庙下村雷氏祠堂内古
戏台

（图片来源：石拓.桂阳县古戏台建筑研究
[D].长沙：长沙理工大学，2012:48）

图2-3-39 桂阳县锦湖村傅氏家祠内古
戏台

（图片来源：唐湘岳，禹爱华.留住祠堂壁画
之美 [N].光明日报，2017-08-04,09 版）

图2-3-40　桂阳县沙坪大溪村骆氏宗祠内古戏台

（图片来源：作者自摄）

图2-3-41 桂阳县筱塘村李氏宗祠入口后戏台

（图片来源：桂阳县住建局）

图2-3-42　桂阳县樟市镇太坪村成氏宗祠内的古戏台

（图片来源：唐湘岳.古戏台迎来春天[N].光明日报,2017-02-04,04版）

图2-3-43　长沙县开慧村杨公庙入口后古戏台

（图片来源：长沙县住建局）

体现。戏曲表演场地设立于祠庙内，一方面是"娱神"的需要，另一方面也是世俗教化的需要，体现了"音乐"的社会功能。

湘江流域传统村落中的戏台有设立于祠堂内的，也有独立设置的。如桂东县沙田镇沙田圩、衡东县吴集镇吴集村、荣桓镇南湾村、祁阳县潘市镇老司里村、江永县兰溪瑶族乡兰溪村的古戏台至今尚存（图 2-3-44 ～图2-3-46）。

（二）宅前敞坪与祠庙前广场

宅前敞坪与祠庙前广场是传统村落与大屋民居的室外公共活动空间，也是其空间形态构成的重要组成部分。村落或族中集会、庆典、大型祭祀、讨论重大事务、听戏看演出等活动常常在此举行。夏日可纳凉，收获时可作为晒谷场（有的地方称晒谷场为晒坝，如江华瑶族地区），平时可作为小孩的嬉戏场所等。

（三）街巷节点

传统村落中的街巷空间是村落的骨架，担负着整个村落的交通和联系。不同街巷相交处即为街巷节点，它是不同街巷的过渡空间。街巷节点空间是村落中公共空间之一，是村落中基本生活、生产场景的延伸，反映村落中家庭的生活方式。街巷节点处往往是广场空间，有古树、水井、商店等，路人在此驻足小憩，村民们在大树下聊天，在水井边洗衣、洗菜，在广场上商议，甚至生产，如编织、做针线活等，生活韵味非常浓厚。

湘江流域传统村落中的街巷节点空间特点明显，其空间形态往往结合地形特点和村落整体布局要求，因地制宜，呈现出不同的空间形态，边界相对模糊。如：江永县上甘棠村中的街巷节点空间多位于"坊"门前的"大街"上，即在此处放大街道宽度，形成交往空间；江永县兰溪瑶族乡黄家村中的街巷节点空间中有多个风雨桥；道县乐福堂乡龙村中的街巷节点空间中有休息亭青龙阁；宁远县下灌村中的街巷节点空间中有古桥和水井（图2-3-47）；岳阳县张谷英大屋中的街巷节点空间形成于村边渭洞河沿岸，并有水井。

图2-3-44 桂东县沙田镇沙田圩古戏台
（图片来源：作者自摄）

图2-3-45 衡东县南湾村内古戏台
（图片来源：衡东县住建局）

图2-3-46 江永县兰溪村内古戏台
（图片来源：作者自摄）

图2-3-47 下灌村中的仙人井
（图片来源：作者自摄）

（四）池塘与水井

池塘与水井是传统村落及大屋民居景观空间的重要组成部分。

在中国传统风水学说的理论中，水是最重要的元素之一；气蕴于水中，水为生气之源，得水能生气；"吉地不可无水"；水是生命和财富的象征。风水学说中的水，多为"活水"，强调水的来向和来势，以及水的去向和去势。传统民居建筑选址在满足风水格局要求的同时，还要考虑日常的生产、生活用水和防火用水。在不能方便利用"活水"的时候，人们常常在村落或房屋前开挖池塘，以满足日常用水所需。如岳阳县张谷英大屋、衡南县宝盖村、新田县黑砠岭村、汝城县金山村、东安县横塘村、永兴县高亭乡板梁村等村落中都有多处池塘。

然而，无论是临近自然的活水源，还是人工开挖的池塘，逢干旱之年也有干涸之时，严冬雨雪之季，也多不便外出"亲水"。此时，挖井取水便有更多的意义。吴裕成先生在《中国的井文化》一书中对古人"作井"的意义作了三点阐述："挖井出泉，使人们在承雨雪、汲河湖之外，另辟出新的获取水源的途径。这在文明史上，意义之重大，非同小可。多出一种水源，此其一；掘井，于本无水的地表掘出水，这与河边取水、洼田灌瓶——利用地表固有水源，在得水形式上有着质的区别，此其二；因为能够掘井，摆脱对江河湖汉的依赖也就成为可能，为了饮水需要，不得不依水而居的情况，便可以有了小小的改观——依井而居，此其三。"[1]

湘江流域传统民居的选址虽然多临近水源，但每个大屋民居和村落一般都有自己的水井。水井一般位于大屋民居和村落的前部或内部街巷节点处，有的大屋或村落因规模宏大，内部有多个水井。井台空间是大屋民居和村落空间形态构成的组成部分，是重要的景观空间。人们在这里洗衣、洗菜、挑水做饭……这里也自然成为人们日常生活的中心之一（图2-3-48～图2-3-53）。

（五）凉亭与廊桥

凉亭与廊桥是传统村落内外空间的公共建筑，它们是传统村落居住环境和生存条件的体现。传统村落内的凉亭与廊桥也是其空间形态构成的组成部分。湘江流域传统村落多依山傍水，属于典型的亚热带季风湿润气候，夏季炎热多雨，而且暑热期长；地形地貌大都为起伏不平的丘陵与河谷平原和盆地，尤其是南部地区，河道多顺直，沿河多为中低山地貌，所以雨季河水多泛滥成灾。为了方便生产、生活，以及旅行负贩者息肩歇脚、躲避风雨，传统村落周边和田垌要道多建凉亭，溪河上往往建廊桥（风雨桥），并榜书题额。湘江流域传统村落内外的凉亭和廊桥大多为民间捐建，旁边

---

[1] 吴裕成. 中国的井文化 [M]. 天津：天津人民出版社，2002：8.

图2-3-48　东安县六仕
町村边池塘与古井
（图片来源：作者自摄）

图2-3-49　新田县彭梓
城村边水井
（图片来源：作者自摄）

图2-3-50　江永县兰溪
瑶族乡黄家村中水井
（图片来源：作者自摄）

图2-3-51　永兴县高亭
乡板梁村边水井
（图片来源：作者自摄）

图2-3-52　汝城县卢阳
镇益道村中水井
（图片来源：作者自摄）

图2-3-53　桂阳县阳山
村边水井
（图片来源：作者自摄）

往往有碑刻记载相关事宜。

　　湘江流域，尤其是南部地区传统村落内外的凉亭与廊桥较多，保存较好的有道县乐福堂乡龙村中街巷节点空间的休息亭、清塘镇楼田村南端的濯缨亭（图 2-3-54）、临武县麦市镇上乔村外古凉亭（图 2-3-55）、浏阳市社港镇新安村风雨桥、宁远县湾井镇下灌村冷水河上的广文桥、东安县紫溪镇塘复村印河上的广利桥（下花桥）、永兴县高亭乡板梁村接龙桥等（图 2-3-56 ～图 2-3-59），而江永县兰溪瑶族乡黄家村内外均有多处风雨桥（图 2-3-60、图 2-3-61）。《民国汝城县志》记载，古来该县内有凉亭和廊桥一百七十多座。

图2-3-54　道县楼田村濯缨亭
（图片来源：作者自摄）

图2-3-55　临武县上乔村外古凉亭
（图片来源：临武县住建局）

图2-3-56　浏阳市新安村风雨桥
（图片来源：作者自摄）

图2-3-57　下灌村泠水河上的广文桥
（图片来源：宁远县住建局）

图2-3-58　东安县塘复村广利桥
（图片来源：作者自摄）

图2-3-59　永兴县板梁村接龙桥
（图片来源：作者自摄）

图2-3-60　江永县黄家村内凉亭与水井
（图片来源：作者自摄）

图2-3-61　江永县黄家村口培元桥
（图片来源：作者自摄）

（六）风水塔与风水阁

古印度人以塔为佛祖的象征而加以崇拜，"窣堵坡"为其佛塔的原型，是释迦牟尼圆寂之后建造的掩埋其舍利的一种半球形坟堆。后来凡欲表彰神圣、礼佛崇拜之处，多造佛塔。印度佛塔随佛教传入中国后，与中国文化结合，其建筑样式、建造技术和文化内涵均发生了很大改变。如从建筑类型看，有楼阁式塔、密檐塔、金刚宝座塔、喇嘛塔、单层塔、傣族佛塔、宝箧印塔、五轮塔等多种类型；从塔的基本组成看，自下而上一般由地宫、基座、塔身和塔刹四部分构成；从建造技术看，有木塔、砖塔和石塔等；从文化内涵看，有佛塔、风水塔（文峰、文昌、文兴塔）等。

中国古塔早期多与佛教寺院结合，后来，随着中国风水文化发展，各地风水塔逐渐增多，以补一地景观之不足。清人屈大均《广东新语》说，在"水口空虚，灵气不属"之地，"法宜以人力补之，补之莫如塔"[1]。明清时期，风水塔成为中国各地重要的"风水建筑景观"之一。

讲究风水是中国古代城市和建筑选址与布局的重要思想，对古代城市和建筑的选址与布局产生过深刻的影响。据相关学者研究，至少于西汉时期，风水学已经成为一门独立学科。英国近代生物化学家和科学技术史专家李约瑟说，风水理论实际上是地理学、气象学、景观学、生态学、城市建筑学等多个学科综合的自然科学，今天重新来考虑它的本质思想以及它研究具体问题的技术，是很有意义的[2]。风水理论体现了中国古代朴素的景观生态精神，是中国古代理想的景观模式。一方面，古人按照风水环境理论对城市和建筑进行合理选址与布局；另一方面，当山形水势有缺陷，不尽符合理想景观模式时，古人往往又通过人工的方法加以调整和改造，"化凶为吉"，如改变河流、溪水的局部走向，改造地形，建风水塔、风水桥，水中建风水墩、风水楼阁和牌坊，改变建筑出入口朝向等方法来弥补风水环境和景观缺陷，使其符合人们的风水心理期盼[3]。这些用来弥补风水环境和景观缺陷的塔、桥、水墩、楼阁和牌坊等，即是人们建设的理想的"风水建筑景观"。

明清时期湘江流域，不仅城市周边建造了许多风水塔或风水楼阁，乡村周边也建造了许多风水塔（文昌塔）或风水楼阁（文昌阁），尤以湘南地区为最。笔者根据调研和相关资料统计，永州境内现存古塔大致分布如表 2-3-1。

永州境内现存古塔分布概况	表2-3-1
市县名	塔名及所在地
永州市	永州古城廻龙塔（1584 年），老埠头潇湘古镇文秀塔（1808 年），邮亭圩镇淋塘村字塔（1815 年）
祁阳县	祁阳县文昌塔（始建于 1584 年，1621 ～ 1627 年间毁坏，1745 年重建），祁阳县白果市乡大坝头村惜字塔（1800 年）

[1]　（清）屈大均.《广东新语》卷十九·坟语.
[2]　李约瑟. 中国的科学与文明 [M]. 转引自：林徽因等著，张竟无编. 风生水起：风水方家谭 [M]. 北京：团结出版社，2007：封面.
[3]　林徽因等著，张竟无编. 风生水起：风水方家谭 [M]. 北京：团结出版社，2007：11-12.

市县名	塔名及所在地
东安县	东安县吴公塔（1749～1752年），石期市镇文塔（1748年）
蓝山县	传芳塔（1563～1573年重建）
道县	道县文塔（始建于1621～1627年，1764年重建），乐福堂乡泥口湾村文塔和龙村文塔
江永县	江永县镇景塔（又名圳景塔），粗石江镇清溪村文峰塔（1781年）
江华县	江华县凌云塔（1878年），大圩镇宝镜村惜字塔
新田县	新田县青云塔（1859年）；枧头镇彭梓城村文峰塔（康熙初年）、砠湾村惜字塔（1824年）、唐家村惜字塔（1882年）；毛里乡毛里村惜字塔（1865年）、梅湾村惜字塔（清咸丰年间）、青龙村惜字塔（清代）；金盆圩乡下塘窝村文峰塔（1828年）、云岨下村惜字塔（1841年）、陈晚村惜字塔（1869年）；石羊镇欧家窝村惜字塔（1832年）、龙眼头村惜字塔（1876年）；大坪塘乡平陆坊村惜字塔（1871年）和长富村惜字塔（1882年）；陶岭乡大村惜字塔（1907年）和周家村惜字塔（1840年）；十字乡大塘背村惜字塔（1831年）；莲花乡兰田村惜字塔（1858年）；高山乡何昌村惜字塔（清咸丰年间）；骥村镇陆家村惜字塔（清代）；知市坪乡龙溪村文峰塔（清代）；冷水井乡刘家山村文峰塔（清代）
宁远县	下灌村文星塔（1853年），湾井镇东安头村文塔，九嶷山瑶族乡西湾村文塔
双牌县	江村镇黑漯村文塔（1844年），双牌县阳明山仙神塔

资料来源：根据调研和相关资料统计。

从表2-3-1可以看出，明清时期，永州境内的塔主要为文昌塔。文昌塔又称文塔、文笔塔、文峰塔、惜字塔等，为民间最常用的镇风水、旺文风、启智利学业的"法器"。笔立于湘南地区村落旁的文昌塔多为六方五级，造型纤细优美，是村落重要的历史义化景观，如宁远县湾井镇下灌村文星塔、新田县枧头镇彭梓城村左文峰塔和汝城县土桥镇香垣村前文峰塔（图2-3-62、图2-3-63）。

明清时期，永州境内在普修文昌塔的同时，也修建有许多镇风水、倡文风的文昌阁。如江永县自乾隆以来，县内城东、城南、城西、城北、马河、枇杷所、桃川、棠下、上甘棠等地均建有文昌阁，后多毁废。永州地区现存1949年以前修建的乡村文昌阁也主要在江永县境内，如：江永县的上江圩镇桐口村鸣凤阁（建于清顺治年间）、潇浦镇陈家村文昌阁（县内保存完好的唯一的官式文昌阁，始建于1599年，1749年重建）、夏层铺镇高家村文昌阁（始建于1612年，1918年重修）（图2-3-64～图2-3-66）、夏层铺镇上甘棠村文昌阁（始建于南宋，1620年重修）、源口瑶族乡公朝村龙凤阁（建于清乾隆年间）等。

图2-3-62　新田县彭梓城　　图2-3-63　汝城县　　图2-3-64　江永县桐口村鸣
　　　　村左文峰塔　　　　　香垣村前文峰塔　　　　　凤阁
（图片来源：作者自摄）　　（图片来源：作者自摄）　（图片来源：永州市文物管理处）

图2-3-65　江永县陈家村文昌阁　　图2-3-66　江永县高家村文昌阁、五通感应庙
（图片来源：永州市文物管理处）　　　（图片来源：永州市文物管理处）

（七）崇祀空间

古代社会，科学技术不发达，生产力水平低下，人们对风雨雷电等各种自然灾害认识不清，甚至无法逃避。为了生存和实现理想，各种自然神和教派应运而生。在中国古代，随着佛教的进入和传播，敬神拜佛成了当时人们的一种精神信仰和寄托，每当遇到不幸时，只好求神、佛来保佑，因而祭拜神、佛成为当时人们的审美理想之一。

大部分学者认为，"图腾"是来源于北美印第安人奥基华斯部落的土语（有的认为是阿尔衮琴部落奥吉布瓦方言的音译），意为"亲族"或"他的亲属"。1791年，英国人约翰·郎格（John Lang）在其出版的《印第安旅行记》（*Voyages and Travels of an Indian Interpreter and Trader*）中，首次提出了"图腾"（Totem）的概念。图腾是指一个民族或部落将某种动物、植物或现象视为自身的起源和一部分，并加以崇拜。远古时期古人常常将日月星辰、山川树木、鸟兽鱼虫视为自己的祖先来加以崇拜，表达了远古人类对刚刚脱离的自然界的眷恋。可以说，图腾崇拜是先民的自然崇拜和祖先崇拜（包括生殖崇拜）相结合的产物，是一种原始宗教。何光岳先生认为，"图腾"是中华民族上古时代的一支原始氏族的称号，即饕餮氏在氏族争斗中失败后把族徽带到各地，远布于印度支那半岛、南洋群岛及南、北美洲，形成了图腾的名称[1]。

古代楚地的巫祀文化特点明显，体现的是楚俗多神信仰文化。湘江是古代两湖与两广的重要交通运输通道，春秋战国时期即得到开发。秦汉以来，随着"灵渠"的开通和攀越五岭的"峤道"的修筑，具有流域特点的文化发展走廊逐渐形成。受楚文化的影响，尤其是受历史上多次移民的直接影响，湘江流域自古巫祀文化发展较快。《汉书·地理志》云："（楚地）信巫鬼，重淫祀"，同时称湘南零陵有"信鬼巫，重淫祀"的风俗。东汉王逸《楚辞章句·九歌序》说："昔楚国南郢之邑，沅湘之间，其俗信鬼而好祠，其祠必作歌乐鼓舞以乐诸神。"《隋书·地理志下》也说："江南之俗，火耕水耨，食鱼与稻，以渔猎为业，……其俗信鬼神，好淫祀，父子或异居，此大抵然也。"唐代柳宗元被贬到永州生活 10 年，其《道州毁鼻亭神记》也有"楚俗之尚鬼"的记述。明朝隆庆五年（1571 年）《永州府志·提封志·风俗》等史书中均有关于古代永州地区巫祀文化的记载，说明古代楚地的巫祀文化对湖南影响很大。

考察古代湘江流域的崇祀文化，其类型大致有：山岳崇拜、水神崇拜、火神崇拜、祖先崇拜、先贤崇拜、社神祭祀、鬼巫祭祀等原始图腾、崇拜文化和宗教祭祀文化。今天在湘江流域的传统村落中，还保留有早期居民们的崇拜和祭祀文化景观，如体现生殖崇拜的新田县三井乡谈文溪村的"生命之根"、体现"水神崇拜"的道县祥霖铺镇出广洞村的鬼崽岭石像、岳阳市君山东侧湘妃祠（湘君庙）、永州老埠头东岸潇湘庙、体现祖先（图腾）崇拜的瑶族盘王庙和各地的土地庙等，它们也是传统村落空间形态构成的组成部分，是传统村落中重要的历史人文景观。

1. 谈文溪村的生殖崇拜文化

新田县三井乡的谈文溪村郑家大院始建于明洪武初年，是典型的明清建筑风貌。2009 年元月被湖南省人民政府公布为第二批省级历史文化名村，2016 年 12 月入选第四批中国传统村落名录。村中一直传说，祖先最早从深圳迁到此处安家时，妇女并不生育。后请来一个风水先生查看风水，先

[1] 何光岳. 饕餮氏的来源与饕餮（图腾）图像的运用和传播 [J]. 湖南考古辑刊,1986（03）: 200.

生在村后发现一个貌似女性生殖器的带洞岩堆，正对该村。先生认为，正是该洞阴气逼人，才让家里人丁不旺，于是叫人在女阴洞旁边用十块青石垒成一个酷似"男根"的石笋，以旺阳气。谈文溪村的"笋蠹云根"寓意"生命之根"，是典型的生殖崇拜文化的体现（图2-3-67）。传说后来村里果然人丁兴旺，只要生育的妇女抱抱，就可顺利生产。村中后来走出了贵州御史和广东高州太守两位官府大员。

2. 田广洞村的水神崇拜文化

鬼崽岭祭祀遗址位于江华、江永、道县三县之交的祥林铺镇田广洞村东南1km处，距道县县城西南约30km。"鬼崽岭得名于散落于地上地下的数千尊石像。石像散落面积约15 000m²，地表散落石像5000余尊，地下石像不计其数。"当地人称这数千尊石像为"鬼崽崽"，石像所在的蛮山，又名栎山，也因此得名为鬼崽岭。石像材质以当地分布较广的石灰岩和红砂岩为主。人物形象可分为文官像、武官像、孕妇像和普通士兵像等，形态各异，大小不一。大者高约1m，小者高约4～9cm，雕刻古朴，手法精练粗犷，表面纹理斑驳陆离，个个栩栩如生。大部分为坐像，一般垂右腿、曲左腿，呈交叉状，形态各异，面部扁平。有的慈眉善目，神态安详；有的竖眉鼓眼，神态勇猛；有的五官身形清晰可辨；有的已经风化得只能依稀看到轮廓。目前大部分石像已移到道县博物馆集中收藏，现场只留下少量较小的石像和石碑（图2-3-68）。《道县县志》记载："当地人传说是阴兵，视石像为神明，常以血食祭祀。"鬼崽岭山脚有一方圆半亩大小的水塘，田广洞村陈姓族谱上称之为"栎头井"。塘四周有泉眼无数，水塘终年雨而不浊，大雨不溢，大旱不涸，水质清冽，如似一泓圣泉，当地人日常通称为"鬼崽井"。

目前还未发现清以前史志对于鬼崽像的记载。田广洞村现有陈姓1000多人，住此已经700多年，族谱也无记载。在石像西北方向的杂草中有两

图2-3-67　谈文溪村的笋蠹云根
（图片来源：作者自摄）

图2-3-68　道县鬼崽岭遗址中残留的石像与石碑
（图片来源：作者自摄）

块石碑，其中一块是清光绪二十九年（1903 年）撰书的《游栎头水源坛神记》石碑，高约 1m 见方，署名为增广生善甫陈振元（但 1994 年版的《道县志》载碑文作者是同时期当地秀才徐咏）。另一块石碑刻："余徐告诸友：斯洞田亩灌溉此水即元次山谓乳松膏。尝灌田好，每旱魃时，村人祷告于此，即雨赐时。若容岁先，光绪壬寅年（1902 年）敬献，信士陈天兆。"[1]

考古专家根据雕凿的痕迹和雕刻风格，将石像大致分为三个雕刻成型期，即史前期（5000 年前）、秦汉魏晋期（5000～2000 年）、唐宋元期，认为石像并非一个时代的产物，具有战国至汉魏时期雕刻风格，最晚的打造年代可能延至唐代。"1988 年 9 月，湖南省洞穴考古调查组考察后称：鬼崽井石像，大部分属战国型扁平人像，可能是战国时期遗留下来的祭祀遗址。"（1994 年版《道县志·文物胜迹》）2006 年鬼崽岭祭祀遗址被定为省级文物保护单位，现为全国重点文物保护单位。

关于鬼崽岭石像的功能，由于无文字可考，学者们根据现有资料及实地调查，从不同的角度提出自己的推断：为舜帝陪葬；为替罪石人；为原始祭祀；为巫教文化中的社神[2]。民间文学专家易先根先生认为，道县鬼崽岭为社神祭祀遗址，鬼崽岭的"坛神"实为巫教文化坛社谱系中的社神。联系湖南怀化市洪江发掘的远古祭祀遗址（有人祭坑、牲祭坑和物祭坑），易先生也认为，鬼崽岭石像可能为古代"人头祭"的替身，属于古代巫教文化中的地方祭法，是"潇湘流域"内古代湖南南方梅山文化体系的原始宗教绵延[3]。

民间信仰与其他宗教信仰最大的不同在于其没有系统性、排他性，没有完备的义理系统和高远的精神追求，但实在性很强，讲求"灵验"和为"现世"服务[4]。

基于湘江流域的水神祭祀文化传统，并结合鬼崽岭所在地的地形、气候环境特点和人文环境特点，以及楚俗巫教文化的多神信仰文化特点，笔者认为鬼崽石像可能是古人拜祭"鬼崽井"的水神，正如《游栎头水源坛神记》碑文所说："然相传能祠福人生死，久出云降雨，利济乎人，故至香火甚盛。"形态各异、大小不一的鬼崽石像，也可能是古代地方民俗中的各种巫神形象，是远古社会人类生活的原始意象。"从科学的、因果的角度，原始意象（笔者按：意象即原型）可以被设想为一种记忆蕴藏，一种印痕或记忆痕迹，它来源于同一种经验的无数过程的凝缩。在这方面它是某些

[1] 胡功田，张官妹. 永州古村落 [M]. 北京：中国文史出版社，2006：74.
[2] 张湘辉. 道县鬼崽岭石像身世之谜 [N]. 潇湘晨报，2010-08-31，E04 版.
[3] 易先根. 永州道县鬼仔岭巫教祭祀遗址考 [J]. 湖南科技学院学报，2008，28（02）：72-75.
[4] 洪奕宜，李强. 岭南民间信仰"众神和谐"[N]. 南方日报，2010-08-27，A20 版.

不断发生的心理体验的沉淀，并因而是它们的典型的基本形式。"[1] 古人将鬼崽石像置于拜祭"鬼崽井"边，为的是在每逢旱魃（旱神）时，村人祷告于此，祭祀"鬼崽井"水神时同祭。同时笔者认为，大量的石像集中一地，可能与后人的"肓从"有关，是人类生存方式的文化涵化的结果。

3. 瑶族的祖先（图腾）崇拜文化

尽管瑶族支系有 28 种不同的自称，30 多种不同的他称，但瑶族都视盘古和盘瓠（龙犬）为同一远祖神而加以崇拜，总称为"盘古瑶"或"盘瑶"。瑶族尊奉盘古和盘瓠为盘王，至今还可以看到民间瑶族建筑上的"龙犬"雕塑（图 1-2-9）。大型瑶寨中一般都有祭祀盘王的场所：盘王庙。

相传在远古时代，瑶山平王和高王作战。平王檄示，招贤御敌，并允诺妻以三公主。盘瓠揭檄，翦除外困。平王大悦，不失诺言，将心爱的三公主婚配盘瓠，立身会稽，育六男六女，平王各赐一姓，艰苦营生。后来瑶族支系繁衍，迁徙南陲，耕山植木，但都视盘瓠为远祖，尊奉为盘王。

兰溪瑶族乡兰溪村是江永县境内"四大民瑶"之一的"勾蓝瑶"聚居地。兰溪村包括黄家村（下村）和上村两个行政村。现有瑶户 500 余户，1800 余人。下村黄家村入口前的盘王庙是兰溪村中年代最悠久、规模最大且独具特色的庙宇（图 2-3-69、图 2-3-70）。该庙始建于后汉乾祐四年（948 年），后来又陆续重建，

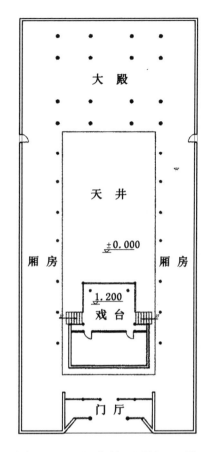

图2-3-69　江永县兰溪村入口处
的盘王庙平面图
（图片来源：永州市文物管理处）

图2-3-70　江永县兰溪村入口处
的盘王庙
（图片来源：作者自摄）

纵深 48m、宽 20m。庙由正殿、侧殿、膳房等空间组成，正殿对面是戏台，正殿与戏台之间是天井，戏台的背面是大门，大门前面还有高大的牌坊。

---

[1]　（瑞士）荣格．心理学与文学 [M]．冯川，苏克，译．北京：生活·读书·新知三联书店，1987：6.

图2-3-71　江华县新建的盘王殿
（图片来源：作者自摄）

盘王庙是瑶族同胞的文化交流中心，历史上瑶族人曾在此举行砍神牛祭祖活动。庙内有近10方重修碑铭尚存，为考察研究古代瑶族的宗教信仰和原始崇拜文化提供了物质资料。但该庙内部目前损毁较多。

瑶族人民每到一地都要建立盘王殿，以纪念先祖。永州市江华县是瑶族自治县，瑶族人曾立有数座盘王殿，但风雨剥蚀，早已毁坏。为缅怀祖先，昭示民族传统文化，开发旅游资源，促进经济发展，20世纪90年代江华县将原建于姑婆大山中的盘王殿迁建于县城沱江镇平头岩公园内，占地21亩，地势依序为低、中、高三级，与平头岩相对应，1995年11月恰逢江华瑶族自治县成立40周年落成（图2-3-71）。每年农历的十月十六都会在此举行一场盛大的盘王节祭祀活动。

第四节　传统城镇商铺住宅空间与建造特点

一、平面形式及建造特点

在古代，地区城镇与乡村之间文化的相互影响和传承是城镇与乡村历史发展的一个特点。地域乡村聚落作为地域文化诞生和发展的最原始舞台，对地域城镇文化的发展起过推动和促进作用。从事物相互影响的另一层面上说，传统乡村聚落的营建也正是城镇聚落文化的体现和延展。

城镇作为封建社会统治的据点、贸易集散的市场，人口集中，而用地有限，因此形成密集的居住环境。明清时期，随着商品经济的发展，湖南处于江河沿岸和交通干道上的城镇商铺住宅逐渐增多。沿街商铺多由原先的住宅改建或扩建，建筑空间多为"前店后宅"或"下店上宅"形式，实为"店宅合一"的民居建筑。

湘江沿岸和地区过去的交通干道上，至今还保留有多处这样的历史城镇商铺住宅，如长沙市望城区靖港古镇、长沙市望城区铜官镇（图2-4-1）、长沙市浏阳市文家市镇、长沙市浏阳市白沙古镇（图2-4-2）、岳阳市临湘市聂市镇、岳阳市汨罗市长乐镇、株洲市株洲县朱亭镇、湘潭市的窑湾古街、衡阳市南岳区南岳镇、衡阳市耒阳市新市镇（图2-4-3）、永州市零陵区的柳子街和老埠头古街、永州市东安县芦洪市镇等，至今还保留有部分民国以前的街道和建筑格局，是研究清末区域城镇商贸建筑空间的典型实例，从中可以发现其所承载的多种地域文化信息，为我们当代区域人居文化研究和地区城市规划与建筑设计提供了可贵的实物资料。另外，长沙市古城区的古潭街、古太平街（图2-4-4～图2-4-6）、化龙池（玉带街）等处，目前还可窥见当年的街道格局和建筑文化信息。

图2-4-1　长沙市望城区铜官镇古街
（图片来源：颜家文.逐梦辉煌，千年陶城、
待你来[N].长沙晚报，2015-10-08，A6版）

图2-4-2　浏阳市白沙古镇沿河景观
（图片来源：张永红.千年古镇，人文遗迹齐聚
传统村落[N].浏阳日报，2016-06-17，A15版）

图2-4-3　耒阳市新市镇古街
（图片来源：耒阳市住建局）

图2-4-4　长沙市太平街历史街区现状鸟瞰
（图片来源：唐韬.长沙历史街区自组织再更
新研究[D].长沙：湖南大学，2013:29）

图2-4-5　长沙市太平街建筑立面
（图片来源：作者自摄）

图2-4-6　长沙市太平街内的民居建筑
与古戏台
（图片来源：作者自摄）

　　湘江流域现存民国以前的城镇商业街道的建筑空间基本相同。由于用地紧张，城镇商业街道两侧的建筑因地制宜，基本为联排式，纵深发展。商业门面多是一家一户为一单元，取前店后宅或下店上宅形式，而且店宅入口基本合一。左邻右舍，多以砖墙分隔，保持内宅的安静，一般不共墙、共柱，便于在失火时阻止火灾殃及邻家。每户多为 2～3 个开间，开间相对较小，进深根据地形和家庭经济状况而定。乡镇商铺住宅进深一般较小，城市商铺住宅进深一般较大。进深较大的在内部以天井过渡，满足采光要求，天井四周设外廊联系楼上各房间，与广州地区传统的"竹筒屋"相似，满足了居住者生产与生活需要。入口商铺多为可拆卸的木板门，日卸夜装。有的商铺柜台和大门结合，柜台一般高 1.0m 左右，如衡阳市耒阳市新市镇传统商铺住宅（图 2-4-7）。

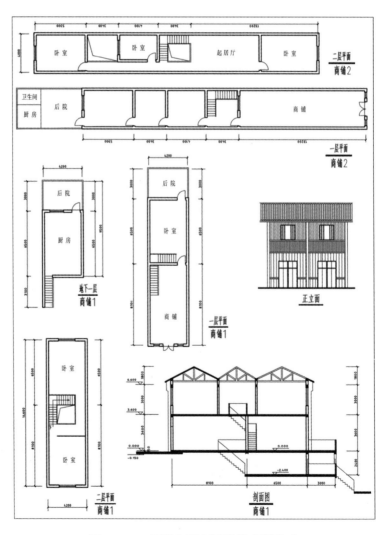

图2-4-7　耒阳市新市镇传统商铺住宅

（图片来源：耒阳市住建局）

　　湘江流域传统城镇商铺住宅木结构以穿斗式木构架为主,临街的第一进房屋多采用抬梁与穿斗混合式构架,室内空间较大。建造时间较早的建筑多数为悬山,后期建造的多为硬山或封火山墙。为适应地区炎热多雨的气候特点,屋基一般较高,外墙多为石墙基砖墙;门前设台阶上下;小青瓦屋面出檐深远,沿街多设阳台(有的沿街做吊脚阳台)便于晾晒衣物。室内地面多用碎砖石、三合土等夯实,有的用砖铺成席纹图案。土坯墙下用条石或砖墙基。墙角常用1m左右高的条石竖砌做护角。柱子底端的石柱础造型多样。由于进深较大,屋面多用亮瓦(或玻璃)采光。

　　与地区其他民居一样,城镇商铺住宅的门窗、隔扇、梁枋、柱础、吊脚柱头、山墙墀头、封火山墙腰带和堂屋后方的祖先堂等处是装饰的重点部位。但城镇商铺住宅尤其突出沿街立面造型与门庐装饰。现存年代较早的商铺住宅建筑的装饰技艺简单,窗户多为直棂窗,后期建造的建筑装饰技艺相对复杂,形式与图案多样,体现了经济的发展与人们审美追求的变化。

　　与乡村大宅民居相比,城镇商铺住宅体现的是单个家庭生活与个体经济发展的特点,所以其建筑形制与大宅民居有所不同,也不同于自给自足的乡村独立式民居。

二、传统城镇商铺住宅实例

(一)长沙市望城区靖港古镇

　　靖港古镇距离长沙城区25km,位于望城区西北,地处沩水入湘江的三角洲地带,东濒湘江,自靖港乘船沿湘江而上至长沙只需1h。靖港昔为天然良港,益阳、湘阴、宁乡及望城的粮食及土特产都在这里集散转运,曾为湖南四大米市之一,又是省内淮盐的主要经销口岸之一。靖港古镇的主街在沩水北岸,至今保留较好,已成为国家历史文化名镇。

　　靖港古镇的空间结构可用"八街·四巷·七码头"概括。其中保粮街、半边街、保健街、保安街的传统街道格局保留较好(图2-4-8)。古镇的商业店铺大多是一家一户为一单元,沿街线形排列,自由生长。建造较早的,沿街多为2～3个开间,建造较晚的,沿街多为一个开间,但进深多达三四进。沿街商铺住宅纵向空间主要有两种形式,一是前后进间只设天井采光,二是前后进间二楼天井两侧设走廊联系(图2-4-9～图2-4-11)。由于开间小,内部天井也很小,采光差,多在屋面置采光亮瓦(或玻璃)。沿街多为两层,前店后宅形式居多。有的家庭为了出租店面,在前面另设楼梯,形成局部下店上宅形式。多数店宅入口基本合一,进深较大的住宅可从背街或巷道一侧的入口进入建筑。

　　靖港古镇沿街商铺住宅多为砖木混合结构,临街的第一进房屋多采用抬梁与穿斗混合式构架,满足了商业空间的需要。早期建造的房屋多数为悬山顶，左邻右舍，互不共墙和共柱。后期建造的多为硬山或马头墙，高低错落，形成了丰富的街景（图2-4-12、图2-4-13）。

图2-4-8　靖港古镇局部俯视
（图片来源：靖港古镇宣传画册）

图2-4-9　靖港古镇宏泰坊内景
（图片来源：作者自摄）

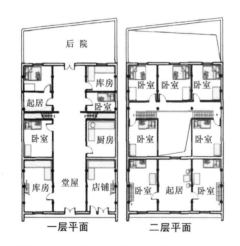

图2-4-10　靖港古镇保健街64号杨宅
（图片来源：罗维.湖南望城靖港古镇研究 [D].
武汉：武汉理工大学，2008）

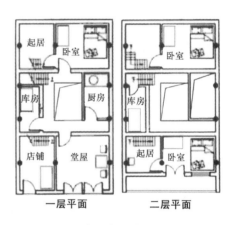

图2-4-11　靖港古镇半边街70号徐宅
（图片来源：罗维.湖南望城靖港古镇研
究 [D].武汉：武汉理工大学，2008）

图2-4-12　靖港古镇街景一
（图片来源：吴越摄）

图2-4-13　靖港古镇街景二
（图片来源：作者自摄）

（二）岳阳市临湘市聂市镇

聂市镇位于岳阳市临湘市北部，距城区20km，距今有1800多年的历史，明弘治《岳州府志》、清康熙《临湘县志》都有记载，为湖南省第二批历史文化名镇。聂市镇地处长安河（又称聂市河、源潭河）注入黄盖湖的入口处。黄盖湖横跨湘、鄂两省，从太平口流入长江。聂市镇"因水而兴，因茶而旺，因商而名"，曾是湘北、鄂南一带的水陆交通集镇，是湖南省著名的口子镇之一，有"小汉口"之称。民国24年（1935年）刊印的《中国实业志·湖南卷》载，清同治年以后，聂市有晋商独资茶庄5家，晋商、聂市商人合资茶庄12家，共计17家。街道沿河一侧原有方志盛、牌楼口、万寿宫、康公庙、土地巷、方九太、金福堂、聂市大桥等码头13个。

聂市镇老街沿聂市河而建，南北向。明末清初始建，分为上街、中街和下街，长约1200m，街面宽4～5m，路面宽约2m，青石铺墁。老街现存仅长约850m。老街原有巷道13条，宽1.5～2m，巷道两边为高墙，中间为石板路。现存4条古巷道。

沿街建筑基本上是三进或两进、上下两层的楼房，小青瓦屋面，每进用石铺的天井隔开。一层多为前店后宅；前进为铺面，中进、后进用于会客、住宿或堆放货物；楼上主要用于存放物品或住人。由于老屋都是紧密相连，共墙过檩，所以天井上方常设有上小下大的木质天窗（又称"亮斗"）采光[1]。

老街沿街建筑特色明显，不但底层多为可拆卸和移动的木门板和木窗板，而且二层一般也用木墙板；虽然老屋紧密相连，共墙过檩，但分户墙在檐口处常常突破檐口并通过叠涩向前出挑形成硬山式马头垛子，远远看去，每家每户分界明显（图2-4-14）。目前，杨裕兴匹头坊、同德源茶庄（后为姚文海旧居）、姚汉成匹头坊、天主教堂（1909年建）等清代、民国年间的建筑已得到重修，保存基本完好（图2-4-15～图2-4-18）。

聂市镇旧时有"聂市八景"：金竹晴岚、高桥烟雨、双洲明月、陡石清泉、

图2-4-14　聂市镇老街现状
（图片来源：沈盈摄）

---

[1] 赵逵，白梅. 湖南临湘聂市古镇国家历史文化名城研究中心历史街区调研[J]. 城市规划，2016（08）.

图2-4-15　聂市镇同德源茶庄内景
（图片来源：沈盈摄）

图2-4-16　聂市镇姚汉成匹头坊
（图片来源：沈盈摄）

图2-4-17　修复前的聂市镇天主教堂
（图片来源：赵逵，白梅. 湖南临湘聂市古
镇国家历史文化名城研究中心历史街区调
研[J]. 城市规划，2016（08））

图2-4-18　修复后的聂市镇天主教堂
（图片来源：沈盈摄）

康公古渡、九如斜阳、茶歌晓唱、渔舟夜游，如今遗韵尚存。

（三）永州市零陵区柳子街

永州柳子街历史文化街区因柳宗元曾寓居于此而得名。位于潇水西侧，在自永州（零陵）古城东山制高点武庙、高山寺，由陡坎而下至大西门向西的轴线上，与永州古城隔河相望，北依西山，南傍愚溪。柳子街长约600m，是古时候通往广西等地的驿道。街道的正中间是一条约2m宽的青石板路，两边以各1m多宽的鹅卵石铺成各种图案。街道两侧建筑主要为清末和民国时期建造，新中国成立后有不同程度的维修和改造，以1～2层的木构住宅建筑为主，青瓦低檐，出檐深远，有的建筑楼上做吊脚阳台，富有典型的湘南建筑风格（图2-4-19）。

柳子街北侧建筑依山脚界面连续。南侧部分建筑临愚溪而建，或建于岩石之上，或为吊脚楼，与自然浑然天成，时而封闭，时而开阔，由甬道通往愚溪边。

临街面均为木板门窗，一层比较宽敞，部分建筑二层出挑，为居住或

（ａ）　　　　　　　　　　　　　　（ｂ）

图2-4-19　永州城西柳子街
（ａ）柳子街前段；（ｂ）柳子街中段（前方为柳子庙）
（图片来源：作者自摄）

储藏空间。普遍开间小而进深大，内部以院落组织空间，通风采光。院落之间有些还保留着传统式样的马头墙。

柳子街是旧时人们进入古城（大西门）前的城郊空间。作为城厢，柳子街两侧建筑多为前店后宅的形式，前面作为客栈及店铺，方便过往行人。整个柳子街，古色古香，和街中段的柳子庙紧紧联系在一起，形成历史完整的标志。

（四）永州市老埠头西岸古街

如今仍保存完好的永州市零陵区和冷水滩区交界处的老埠头古街、古码头，位于永州古城北门外约 5km，扼水陆要冲，当潇湘二水汇合要津，是过去的"湘桂通津，永（州）宝（庆）孔道"。老埠头古街横跨湘江东西两岸（图 2-4-20）。在此沿湘江及湘桂驿道通达广西，沿潇水及湘粤古道可至广东，沿湘江而下与古驿道可抵衡阳、长沙。老埠头自唐代兴起，五代时在此设潇湘镇，宋代改曰津，明代改设驿丞曰湘口驿，至清代发展成延绵五里的商旅重镇，改曰湘口关，后称为老埠头。

唐代以后，老埠头不仅是湘、粤、桂三省边境的商旅重镇，是三省重要的物资集散地和中转地，也是永州各种社会生活和民俗活动的重要表演场所。老埠头是地理意义上的潇湘之所，由老埠头上溯半里便是潇湘八景之首"潇湘夜雨"所在地萍岛。

目前只有湘江西岸古街保存完好，街道空间与建筑至今还保留了明清时期的特色，原真性强，从一个侧面反映了永州城当时的经济文化发展特点，是研究封建社会商贸活动、交通往来的"活化石"。街道两侧的店铺是研究清末以前永州商贸建筑空间的典型实例。

西岸古街与通广西、东安、宝庆（邵阳）的古驿道相连，街道长200m、宽 4m，古道用宽 0.5m、长约 2m 的青石板铺成。古街两旁现只余17 座清代至民国期间的商贸建筑，为过去的商号、伙铺、作坊、驿栈。西

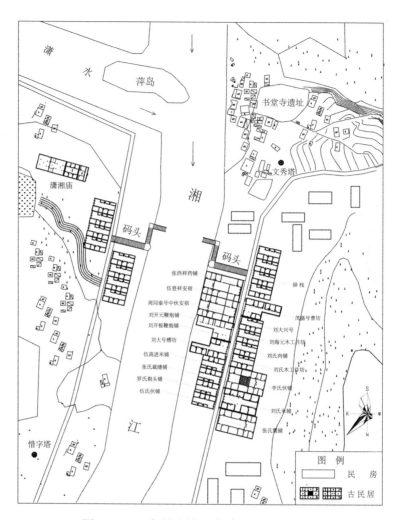

图2-4-20　永州老埠头古建筑群总平面图
（图片来源：永州市文物管理处）

岸靠湘江一侧多为一层，砖木结构；沿街商贸建筑多为硬山形式，一般为两开间三进深，均采用前店后铺的使用方式；其另一侧沿街商贸建筑则多为二层的砖木结构，多为硬山形式和两开间三进深，少数为一开间三进深，取上店下铺与前店后铺相结合的使用方式。街道两旁的店铺都在临街一面设柜台，高约1.1m，宽约3.5m。柜台一般设在右侧或左右两侧，中为可拆卸和移动的木门板，有四扇、六扇不等门扇。背街一侧民居建筑多为土坯墙，小青瓦悬山屋面（图2-4-21、图2-4-22）。

　　离西岸古街西南1km是唐代著名草圣怀素的少年出家、习文、练字之所——书堂寺遗址。寺左前方50m处为怀素笔冢，当地居民为纪念怀素于清代修建文秀塔。塔系青砖结构，底层直径为2m，高7m，七级六面。

　　老埠头东岸古街古驿道北通祁阳、衡阳、长沙，南抵永州（零陵）古城。东岸古街古道、码头与西岸相仿。东岸古街目前只留有修建于清乾隆年间的贞节亭及吕大兴号商铺和古街道。东岸老埠头南约五里的潇湘庙既祭潇湘二川之神，更祀舜帝二妃娥皇、女英，是弘扬舜德的重要文物载体（图2-4-23～图2-4-25）。

图2-4-21　老埠头西岸周同泰中伙安宿铺
（图片来源：永州市文物管理处）

图2-4-22　老埠头西岸刘大号槽坊
（图片来源：永州市文物管理处）

图2-4-23　老埠头西岸商铺
（图片来源：永州市文物管理处）

图2-4-24　老埠头潇湘庙后殿梁架
（图片来源：永州市文物管理处）

93

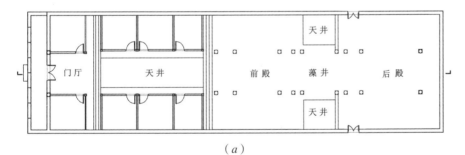

（a）

（b）

图2-4-25　老埠头潇湘庙平面图与剖面图
（a）平面图；（b）剖面图
（图片来源：永州市文物管理处）

潇湘庙以南、潇水北岸是永州人俗称的潇湘庙下的"半边铺子"一条街，长达 2.5km。它南起潇湘庙，北抵湘江东岸老埠头古街的商业古街，过去是各种物资的集散地，今"半边铺子"已不存。2011 年，湖南省人民政府公布老埠头古建筑群为省级文物保护单位。

（五）永州市东安县芦洪市镇古街

芦洪市镇地处东安县的中北部，距今永州中心城区（冷水滩区）20km。芦洪市是东安县最早的县府所在地。这里地势险要，交通方便，古代驿道和兵备道由此经过，是历史上兵家必争之地。春秋战国时为楚南境，汉属零陵郡，置东安驿。西晋惠帝永熙元年（290 年）正式置应阳县。因县府建在应水（即芦洪江）北岸，故称应阳。五代十国时期，这里属陈国，先后被封为应阳男国、应阳子国、应阳公国。隋文帝开皇九年（589 年），陈国灭亡，应阳公国被废，划归泉陵县。因其是进出广西、广东等地要道，唐武德七年（624 年），为防瑶民起义，在此设芦洪戍。北宋雍熙元年（984 年）改称东安县，沿用至今。明洪武三年（1370 年）设芦洪巡检司。清代沿称芦洪司，民国时期撤司改称芦洪市。新中国成立后更乡为镇，即芦洪市镇。

特定的历史和地理环境，造就了芦洪市的繁荣。芦洪市历代是冷水滩、祁阳、东安、邵阳等商贾云集之地，客栈很多。明万历年间（1573 ～ 1620 年），江西商人李陆洪在水埠头（今芦江市场桥东头）收购桐油，并设"陆洪油市"，当时永州、邵阳、衡阳及广西、贵州、江西等地的油商都到这里进行桐油交易。

芦洪市镇主要有三条老街，整体呈"Z"形沿芦洪江延展，至今保存完好。老街全长 1900m，宽 6m，街区面积达 2km²。临街建筑是连为一体的砖木结构铺面，青砖黑瓦，两层居多，木楼板，雕花木质门窗，出檐深远，大部分建筑沿街楼上做吊脚阳台，部分建筑用烽火山墙，是比较典型的湘南古民居（图 2-4-26）。

芦洪市镇历史悠久，人文荟萃，文物遗存丰富。在芦洪市镇的街上，一座长 56m 的三孔石拱桥斩龙桥横跨芦洪江，是湖南省现存最早最好的三座石拱桥之一。此桥"创自宋代"（《东安县志·山水》，是古芦洪八景之一："龙桥洪峰"。镇东郊 1 km 的九龙山脚下，有载入湖南省志名胜的九龙岩，摩崖上共刻有宋代至清代石刻 43 方，其中宋代石刻 30 方。最早的一方为北宋淳化三年（992 年）

图2-4-26 东安县芦洪市镇老街
（图片来源：《湖南日报》网络版，2012-08-09，郭立亮摄）

东安县令张太年所题"平将寇"（镇压农民起义）和"芦洪置司"。还有宋明理学开山鼻祖周敦颐、宋朝宰相曾布、湖湘学派创始人之一的胡寅等历史名人在此都有诗文题刻，具有较高的历史、文学及书法艺术价值。2002年九龙岩被公布为省级文物保护单位。以古镇为中心，向北 4km 为清末将领、被朝廷赐封为太子少保的席宝田故居，向南 4km 为民国时期的爱国将领唐生智故居——树德山庄，现均为国家级文物保护单位。2009 年，芦洪市镇被宣布为湖南省第二批历史文化名镇。

第三章 湘江流域传统村落及大屋民居的空间结构形态

不同的分类标准，传统村落的类型不同。考察湘江流域现存较好的传统村落的总体布局空间结构形态，我们将其划分为"丰"字式、"街巷"式、"四方印"式、"行列"式、"王字"式、"曲扇"式和"围寨"式等七种主要类型。实际上，它们之间又有交叉，有很多相同之处，如：所有村落及大屋民居都以巷道地段划分聚居单位，以天井（或院落）为中心组成住宅单元；"王字"式近似"行列"式；"曲扇"式、"围寨"式等村落的内部结构也具有"街巷"式或"行列"式村落的特点；"街巷"式内部有时也体现"行列"式特点等等。本章主要分析湘江流域传统村落及大屋民居的空间结构类型及其特点。

第一节 "丰"字式

一、总体特点

"丰"字式多为大屋民居，内部空间存在明显的纵横轴线。建筑群以纵轴线的一组正堂屋为主"干"，横轴线上的侧堂屋为"支"。正堂屋相对高大、空旷，为家族长辈使用，横轴上的侧堂屋由分支的各房晚辈使用，如此发展。纵轴一般由三至五进堂屋组成。每组侧堂屋即为家族的一个分支，而一组侧堂屋中的每一间堂屋及两边的厢房即为一个家庭居所。各进堂屋之间由天井和屏门隔开，回廊与巷道将数十栋房屋连成一个整体。

"丰"字式大屋民居建筑布局主从明确、阴阳有序；空间寄寓伦理、和谐发展；建筑群组以家为单位，以堂屋为中心；强调"中正"与均衡。

湖南现存"丰"字式民居主要分布在湘东北和湘中丘陵地区，如浏阳市的沈家大屋、平江县的虹桥镇平安村冠军大屋（图3-1-1）、上塔市镇黄桥村黄泥湾叶家大屋、娄底市涟源县杨家滩永福村的师善堂等，都有明显的"丰"字式特点。以张谷英大屋为典型代表。

图3-1-1　平江县平安村冠军大屋

（图片来源：平江县住建局）

二、实例

（一）岳阳县张谷英村

岳阳县张谷英大屋的空间结构形态是典型的"丰"字式，其建设历史与建筑环境在第二章第一节已经介绍，这里主要介绍其空间结构形态及建造特点。

聚族而居的张谷英村古建筑群由当大门、王家塅、上新屋三大群体组成，至今保持着明清传统建筑风貌。当大门是大宅的正门，正门左前方300多米处过去是张氏祠堂和文塔,均毁于20世纪60年代。大屋坐北朝南，占地5万多平方米，先后建成房屋1732间、厅堂237个、天井206个，共有巷道62条，最长的巷道有153m。砖木石混合结构，小青瓦屋面。

张谷英大屋总体布局体现了中国传统的礼乐精神和宗法伦理思想。大屋总体布局依地形采取纵横向轴线，呈"干支式"结构，内部按长幼划分家支（"血缘关系"）用房。纵轴为主"干"，分长幼，主轴的尽端为祖堂或上堂；横轴为"支"，同一平行方向为同辈不同支的家庭用房。利用纵横交错的内部巷道联结主干和支干，巷道具有交通、防火和通风的功能，是建筑群的脉络。主堂与横堂皆以天井为中心组成单元，分则自成庭院，合则贯为一体，你中有我，我中有你，独立、完整而宁静。穿行其间，"晴不曝日，雨不湿鞋"（图3-1-2、图3-1-3）。

肖自力先生曾说，张谷英大屋"丰"字形的布局，曲折环绕的巷道，玄妙的天井，鳞次栉比的屋顶，目不暇接的雕画，雅而不奢的用材，合理通达、从不涝渍的排水系统，堪称江南古建筑"七绝"[1]。

---

[1]　肖自力. 古村风韵 [M]. 长沙：湖南文艺出版社，1997.

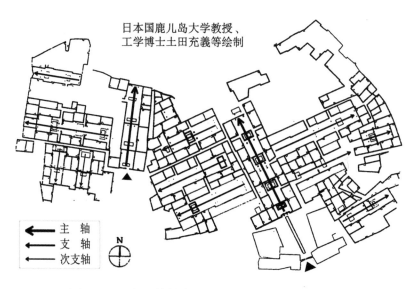

图3-1-2　张谷英村当大门、西头岸、东头岸平面

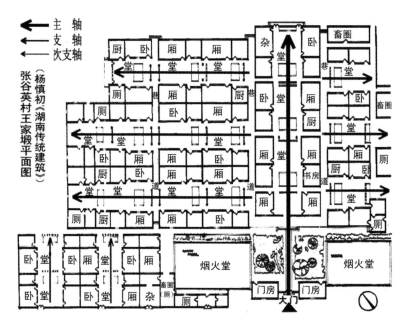

图3-1-3　张谷英村王家塅平面

张谷英村有渭洞河穿村而过，俗称"金带环抱"，河的两岸分别是建筑群和青石路街，河上原有石桥58座。傍渭洞河建有一条青石道长廊（名叫畔溪走廊）——渭洞街，全长500余米，临河一侧设有供休息用的吊脚栏杆、美人靠等（图3-1-4）。这里不仅是古代商贾云集的街市，而且是联系江西和岳州的古驿道。青石路街和长廊古道是村中主要的外部交通，沿途可进入大屋中各个巷道和各家门户。可见，张谷英大屋的空间结构形态也具有鲜明的城市街巷式布局的特点。

张谷英大屋是典型的明清江南庄园式建筑群，建造技艺精美。如"王家塅"的入口在第二道大门的左右山墙处设置金字山墙，采用形似岳阳楼盔顶式的双曲线弓子形，谓之"双龙摆尾"，具有浓厚的地方色彩。内部装饰赋予情趣，题材丰富。屋场内木雕、石雕、砖雕、堆塑、彩画等装饰比比皆是，令人目不暇接。雕刻字迹、线条清晰，

图3-1-4　张谷英村渭洞街（畔溪走廊）
（图片来源：作者自摄）

图纹多样，栩栩如生；彩画生动自然，反映生活。梁枋、门窗、隔扇、屏风、家具及一切陈设，皆是精雕细画。题材如"鲤鱼跳龙门"、"八骏图"、"八仙图"、"蝴蝶戏金瓜"、"五子登科"、"鸿雁传书"、"松鹤退龄"、"竹报平安"、"喜鹊衔梅"、"龙凤捧日"、"麒麟送子"、"四星拱照"、"喜同（桐）万年"、"花开富贵"、"松鹤祥云"、"太极"、"八卦"、"禹帝耕田"、"菊竹梅兰"、"琴棋书画"，以及诗词歌赋、周文王渭水访贤、俞伯牙摔琴谢知音等等，雕刻精细，反映了人畜风情，绝少有权力和金钱的象征，而是洋溢着丰收、祥和、欢歌的太平景象，民族风格极浓，具有很高的艺术研究价值（图3-1-5～图3-1-8）。

　　"丰"字式大屋民居建筑规模大，对场地的要求较高，它的形成与地形、气候和民族文化传统有关。湘东北地区整体上为丘陵地貌，气候夏热冬冷。民居建筑整体布局，节约了用地。天井院落式布局有利于形成室内良好的气候环境。此地居民多为明清时期的江西移民，他们带来了"江南"和中原地区的文化和营造技术。明清时期此地战乱频繁，大屋聚族而居适应了当时当地社会的发展。

图3-1-5　张谷英大屋檐下雕刻
（图片来源：作者自摄）

图3-1-6　张谷英大屋门框上的太极八卦及琴棋书画彩绘
（图片来源：作者自摄）

图3-1-7　张谷英大屋内格心上
的"明八仙"雕刻
（图片来源：作者自摄）

图3-1-8　张谷英大屋内的家具雕刻
（周文王渭水访贤）
（图片来源：作者自摄）

（二）浏阳市沈家大屋

1.历史与建筑环境

沈家大屋，又称法源寺，位于浏阳市城区西北部约50km处的龙伏镇新开村捞刀河畔西岸，距长沙60km，距龙伏镇政府3km，交通便利。

元末，当地人随陈友谅起义，沈氏祖先义重功高，以沈九郎最为英烈，被千秋纪念。由此，沈氏家族开始壮大、繁荣。据沈氏族谱记载，沈拯九祖孙三代有四人曾诰赠为"奉政大夫"（正五品），两人为"奉直大夫"（从五品），是当地非常有影响的一个大户人家。

沈家大屋主体建筑保存基本完好，主体建筑永庆堂始建成于清同治四年（1865年），大屋槽门右墙的烟砖上有"同治四年"、"木匠焦以成"等字刻，至今清晰可辨。

沈家大屋四周依山傍水，环境优美，其槽门前坪北侧距捞刀河223m，四面皆是青山环绕，地势前低而后高，负阴抱阳呈围合之势（图3-1-9、图3-1-10）。在风水学的影响下，沈家人屋的建造极其注意建筑的方位以及与大自然之间的和谐关系，例如屋主在建造永庆堂槽门时，将其偏北14°朝向捞刀河上游，谓"进水槽门"，意寓招财进宝（图3-1-11、图3-1-12）。

2.建筑布局及建造特点

（1）建筑布局特点

沈家大屋坐东朝西，清光绪年间沈拯九膝下的六个儿子筹资续建有三寿堂、师竹堂、德润堂、筠竹堂和崇基堂等，形成了一个有17间厅堂、20口天井天心、30多条长短巷道、20多栋楼房及200余间大小房屋互相连通的古建筑群。据传，"屋内曾一次宴客300桌，走兵时，足足驻下一个团。"

沈家大屋占地面积超过13550m^2，建筑面积为8265m^2（包括已倒塌面积576m^2，计23间）。气势恢宏，布局严谨，屋宇相叠，廊道回环，庭院错落，"丰"字式空间结构特点明显。中轴线上的永庆堂是整个建筑群的

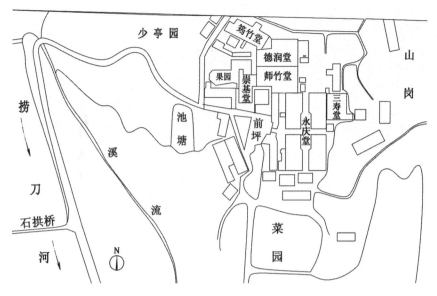

图3-1-9 沈家大屋总平面图
（图片来源：廖静绘）

图3-1-10 沈家大屋侧向俯视图
（图片来源：作者自摄）

图3-1-11 沈家大屋永庆堂平面
（图片来源：廖静绘）

图3-1-12 沈家大屋的"进水槽门"
及前坪条石甬道
（图片来源：作者自摄）

图3-1-13 沈家大屋永庆堂过亭
一侧天井边的茶堂及巷道
（图片来源：作者自摄）

中心，是大屋的"主堂"所在，两侧对称地伸出一个横向分支，即"横堂"。主堂、横堂由多个单元组成，同构同律（图3-1-13）。每个建筑单元，是家族的每个小家庭的住所，以房廊和巷道联系。

（2）建造特点

沈家大屋为砖木石混合结构，小青瓦屋面。墙基由当地开采的红沙石、青砖砌成，墙体为厚实的土砖。

因为屋主经常在外做生意，建筑借鉴了一些苏州园林风格。大屋内的格栅门窗等木雕装饰精美，天井照壁上中西结合的泥塑彩绘艺术精湛，风格浑厚。正厅高达9m以上，其他房屋也在8m以上。屋内正厅、横厅、十字厅、巷道、走廊等所占面积很大，而且左右对称。整体风格既区别于江浙地区文人雅士的苏州园林模式，又不同于官宦士大夫深宅大院式的建筑风格，集中体现了我国古代农耕社会"家大业大，源远流长"的建筑思想，给人以空阔舒适之感。

第二节 "街巷"式

街巷式布局是宋代以后城市聚落空间变化的一大特点，它反映了街巷从满足城市交通功能向体现居住者人文功能的转变；反映了聚居制度从以社会政治功能为基础向以社会经济功能为基础的转变[1]。

一、里坊制和坊巷制的发展概况

据有关历史资料记载和研究文献论述，城市聚落在早期表现为以商业、手工业为主要构成和散居特征的附城邑寨——城市聚居区。随着阶级分化和等级制度的加强，这种"散居型中心聚落的附城邑寨转化为等级分化的集聚型中心聚落内的里坊。在这一过程中，……附城邑寨衍变成了城内的

---

[1] 伍国正,吴越. 传统村落形态与里坊、坊巷、街巷:以湖南省传统村落为例 [J]. 华中建筑, 2007, 25（04）: 90-92.

里坊；寨门、寨墙就自然地转变为坊门、坊墙"[1]。

里坊是中国封建社会城市聚居组织的基本单位，为居民居处之所，起源于秦汉，到魏、晋、南北朝时最终形成，并盛行于隋唐。里坊制度是古代城市的营建制度，也是统治阶级为了更有效地统治城内居民的管理制度。由于经济、社会的发展，唐代末叶，里坊制度开始瓦解。

北宋时，取消了里坊制，城市居住区以街巷划分空间，里坊制发展为坊巷制。"北宋晚年至南宋，在东京、平江、杭州等城市相继产生了一种新的聚居制度——坊巷制，这是一种以社会的经济功能为基础的聚居制度。所谓坊巷制，就是以街巷地段来划分聚居单位，每个坊巷内不仅有居民宅邸，还有市肆店铺，除此之外，'乡校、家塾、会馆、书会，每一里巷一二所'（《都城纪胜》）。坊巷入口处，叠立坊牌，上书坊名，坊巷内的道路与城市干道相连通，坊巷之间可以自由来往，这种坊巷按照城市居民的日常生活需要来规划功能结构以及配置服务设施。"[2]

元朝，城市居住区沿用了两宋的街巷式布局。以元大都为例，"城中的主要干道，都通向城门。主要干道之间有纵横交错的街巷，寺庙、衙署和商店、住宅分布在各街巷之间。"[3] 明清的北京城在元大都的基础上进一步发展，形如栉比的胡同分散在城市大街两侧，在胡同和胡同之间配以经纬相交的城市次要街道，大小街道上散布着各种各样的商业和手工业，胡同小巷则是市民居住区。

二、总体特点及其适应性

湘江流域"街巷"式传统村落主要分布于湘粤和湘桂古道上，笔者总结其共同特点是：

（1）村落中有一条主街，主街一侧或两侧有市肆店铺，满足了居民文化生活需求，街坊景观丰富。

（2）主街一侧或两侧有支巷（主巷道）或门楼（坊门），次巷道横跨主巷道，布局紧凑，节约用地。

（3）内部按"血缘关系"设"坊"，以巷道地段划分聚居单位（家庭用房），分区明确。

（4）主要利用天井和巷道采光、通风，以天井为中心组成单元，邻里关系良好。

（5）宗祠一般位于村落之前（入口处），宗祠前有较大的广场，满足

［1］　王鲁民，韦峰. 从中国的聚落形态演进看里坊的产生 [J]. 城市规划汇刊，2002（02）：50-53.
［2］　刘临安. 中国古代城市中聚居制度的演变及特点 [J]. 西安建筑科技大学学报，1996，28（01）：24-27.
［3］　刘敦祯. 中国古代建筑史（第二版）[M]. 北京：中国建筑工业出版社，1984：268.

了家族祭祀、宴请等公共活动的要求。

（6）村落依地形而建，向外比邻扩展，适应了发展需要。

（7）村落整体上为开敞式，便于生产和生活，反映了社会经济功能的加强。

传统乡村聚落形成与发展的因子是多方面的，其"街巷"式空间结构形态的形成与发展是中国传统聚居制度与聚居形态发展的结果。村落街巷式布局，一方面体现了建筑的社会适应性，体现了当时社会政治、经济的发展特点，体现了文化的传承性和村落空间结构功能的进步性；另一方面也体现了建筑的自然适应性和人文适应性，是它们的综合表现。

考察湘江流域"街巷"式传统乡村聚落，其选址一般都位于过去的地区交通要道上，如上甘棠村位于旧时湘南通往两广的驿道上；龙村中的铺街过去是北通双牌、零陵，南达道州城，再往广西的湘桂古道的一部分；下灌村是过去中原到湖南通往九嶷山前往广东的必经之地；大阳洞张村位于潇水河边，过去曾是到九嶷山途中重要的商业要道；田广洞村村前是通往道州和江永县的古道（湘桂古道）；油麻乡柏树村中的穿村大道过去亦为古驿道。由于村落选址在地域的交通要道上，以及生产与商业的发展，村落中都有较宽阔的街道和商铺，通过与街道相连的主巷道进入，次巷道再与主巷道相交，形成交通网，居民从次巷道进入宅院，具有较好的安全防范性。

传统村落"街巷"式空间结构形态的形成与发展适应了当时社会、政治、经济的发展和居民生产生活的需要；适应了地域的自然地理环境与人文特点，体现了建筑文化审美在对地域的地理、气候环境与社会人文等方面的适应性，是文化审美观与功用价值观的统一；体现了文化的传承性和村落空间结构功能发展的进步性，是中国传统聚居制度与聚居形态发展的结果。延续至今，具有明显的优点，对当今和谐社会、宜居社区的规划建设仍然具有借鉴意义。

三、实例

（一）江永县上甘棠村

上甘棠村的建设历史与建筑环境在第二章第一节已经介绍，这里主要介绍其空间结构形态及建造特点。

上甘棠村村落空间形态具有明显的城市坊巷制和街巷式的特点（图2-1-9）。村落背山面水，街巷幽深，防御性好，外围无坊墙。沿谢沐河是建于明嘉靖十年（1531年）的石板路街道，街道在南北两端及中间位置分设南札门、北札门、中札门。街道两边过去有酒肆店铺和防洪墙，遗迹犹存（图3-2-1）。村的东西方向分成若干条主巷道，主巷道与街道连接，直通村后山山脚，众多的小巷道横跨主巷道，与主巷道一起形成棋盘格局，组成民居内的交通网，形如八卦状。每条主巷道与街道连接处都建有门楼——坊门，现在主巷道上尚存四座门楼。坊门作为族人的主要公共建筑及交通口，内架设条石凳供族人歇息或小型聚会，比较讲究，也很有特色。现保存较好的四单坊门为明代建筑，门楼的抱鼓石及梁枋均明确记载"大明弘治六年（1493 年）修"（图 3-2-2），五单坊门的莲花瓣状驼峰呈明代早期建筑特征，一单坊楼于清代重修，九单坊门存有一对宋代石鼓，门楼于 20 世纪"文化大革命"后重修。周氏族人以"血缘关系"设"坊"，按"坊"聚族而居，全村分 10 族布局，曲巷幽深，最窄的小巷仅容一人通行。每个岔路口立有石碑，上书"泰山石敢当"。这样以山、河为障，以街、巷交通，较好地解决了全村的安全防范问题。

图3-2-1　上甘棠村沿河
商业大街
（图片来源：作者自摄）

图3-2-2　上甘棠村四单坊门
（图片来源：作者自摄）

　　上甘棠村现存古民居 200 多栋，其中清代民居有 68 栋，四百多年的古民居还有七八栋。一家一户为一单元，以天井为中心纵深布置各类生活用房（图 3-2-3）。建筑大都为楼房，墙体均以眠砖砌筑，配以起伏变化的白色腰带。封火山墙错落有致，檐饰彩绘或砖雕，形成对比强烈、清新明快的格调，具有很强的城镇住宅特色。门庐、格栅门窗和漏窗等，雕刻的图案丰富（图 3-2-4）。上甘棠村同时具有建筑、商业、书院、宗教等文化特色，专家认为，上甘棠村为我们提供了从普通自然人与社会人的角度研究历史的完整资料。

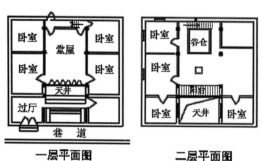

图3-2-3　上甘棠村132号住宅　　　　图3-2-4　上甘棠村132号住宅
（图片来源：作者自测）　　　　　　堂屋前的隔扇门窗
　　　　　　　　　　　　　　　　（图片来源：作者自摄）

（二）道县龙村

1. 历史与建筑环境

永州市道县福堂乡龙村现有蒋、柏两姓，都是明末清初定居于此，为姻亲关系。村南蒋姓1400多人，村北柏姓400多人。村里原来还有熊姓、罗姓、邓姓，也逐渐搬出龙村另求发展。

龙村总体上坐东朝西，四周山水环绕。村落西对鸡冠寨岭，背靠天子岭（又名祝山）。天子岭下溪水环绕如龙，故取名龙溪河，村子也因此依溪名叫龙村（清宣统二年（1910年）《蒋氏族谱》）。龙溪河由北向南，从祝山脚下绕村后而过。村中有一条从龙溪河上游支出的小溪，也取名龙溪沟。龙溪沟东、西两边原为村中的大街及店铺，故龙溪沟又名铺沟。铺前大街是古代北通双牌、零陵，南达道州城的湘桂古道一部分（当地居民称为广西大道），为青石板路或鹅卵石路面。龙溪水贯村而过，不仅暗合了风水文化，也解决了村中的排水、防火、洗衣、洗菜、吃水等生活需要。至今，铺沟边沿还有多处旧时的生活水井。

2. 建筑布局及建造特点

龙村中传统建筑保存基本完好，据统计，总面积达61775m²，50%以上为明代建筑，35%为清代建筑，15%为民国时期重修建筑。

龙村中的建筑布局和上甘棠村非常相似。村落以铺沟为中轴线，两旁房屋呈东、西对开式对称分布。村中东西方向的十几条主巷道与铺沟两侧的铺前大街连接，众多的小巷道与主巷道一起形成棋盘格局，组成村落内的交通网，网格内是各家各户的住宅，庭院深深，井然有序，但主巷道与街道连接处不见有门楼。村落中的主巷道为青石板路面，其他巷道、庭院几乎都是用卵石铺地。

村中建有青龙阁（凉亭），高两层，横跨在大街和龙溪沟上，为村落中心，建成于民国6年（1917年），比周围的住宅高得多，重点装饰，色彩醒目，是柏、蒋两姓的分界点。青龙阁南北各有一个祠堂，分别为蒋姓祠堂和柏氏祠堂，祠堂前都竖立有数对旗杆石，其中蒋姓祠堂保存更好，旗杆石前的古井清澈见底。两座祠堂均以一左一右两井构成一个整体布局（图3-2-5～图3-2-7）。

龙村传统建筑大多为砖木石混合结构，小青瓦屋面，分两大类，一类为公共建筑，如祠堂、学堂、凉亭、庙宇、门楼等；一类为私人庭院，主要有商铺、作坊、住房等。公共建筑体量都比较大，二进、三进都有，以抬梁式结构为主，各种构件雕刻精美。私人住房建筑中，一类为牲畜圈所及长工雇工住所，二类为主家居住之所，一般体量较小，一进二层居多，少见二进，不见三进建筑。私人建筑结构和装饰都较简单，一般在门窗等部位做重点装饰（图3-2-8），从进大门开始，设照壁，照壁后多为天井（或院落），左右厢房，再后为大厅、正房。铺沟两侧的商铺一

图3-2-5　龙村前侧向俯视图
（图片来源：作者自摄）

图3-2-6　龙村中大街和龙
溪沟上的休息亭
（图片来源：作者自摄）

图3-2-7　龙村龙溪沟边的
祠堂与水井
（图片来源：作者自摄）

图3-2-8　龙村民居隔扇门窗
（图片来源：作者自摄）

般为两层，一层为商店，二层为住房。龙村中民居建筑以金字山墙为主。因为建村久远，且大部分为明代建筑，因此虽然部分建筑为封火山墙，但少有高大者，翘角亦不明显。封火山墙上多彩绘，一般为龙、凤、卍字、喜鹊登梅等内容。

蒋、柏两姓虽住同一个村子，说话却不相同，蒋姓说当地方言，柏姓不会说当地方言，但柏姓能听懂蒋姓说的当地方言，他们之间的来往或与人交往说道县官话。

（三）宁远县下灌村

1. 历史与建筑环境

永州市宁远县湾井镇下灌村是总称，由泠江村、下灌村、状元楼村和新屋里村四个行政村组成，位于宁远县城西南方向约30km。

据《李氏族谱》记载：下灌村的历史起源于南北朝时齐国大将军李道辨，他原是陕西临洮府狄道人，南齐永元元年（499年），因九嶷山瑶民起义，李道辨被封为荡寇将军，奉命提兵来九嶷山平瑶。平定之后，朝廷变迁，他于当年举家隐居于此地。下灌村历史上真正的辉煌时期是唐、宋两朝，当朝状元李郃和乐雷华皆出于此，武将开村的荣耀逐渐被书香墨韵取代，"江南第一村"的来历更多也是源于此。《中国历代状元录》载：唐代李郃（807～873年），延唐（今宁远县）人，唐大和元年（827年）状元，是今湖南境内在唐代唯一的状元，也是两湖两广地区的第一个状元[1]。今天的下灌村还保存有纪念李郃的状元楼(图3-2-9)，为四方十六柱全木结构，重檐歇山顶，四檐饰卷棚，中间装方形藻井（图3-2-10）。现存的状元楼为清代风格，建于何时已无文字可考。

图3-2-9　下灌村的状元楼
（图片来源：作者自摄）

图3-2-10　下灌村状元楼藻井
（图片来源：作者自摄）

---

[1] 湖北、广东、广西等地最早的状元为：湖北杜陟唐大和五年（831年）状元及第；广东莫宣卿唐大中五年（851年）钦点状元；广西赵观文唐乾宁二年（895年）考中状元。见：康学伟，王志刚，苏君. 中国历代状元录 [M]. 沈阳：沈阳出版社，1993.

　　下灌村建在船形台地上，整个村落南高北低，沿河呈带状分布。村落东西南三面环山，村前冷江河与村后灌溪（东江）河在村下游交汇，有沐溪穿村而过。

　　2. 建筑布局及建造特点

　　下灌村布局与上甘棠村相似，沿冷江河旧时的主街道和商铺至今犹存。主巷道与街道连接，直通村后，众多的小巷道依地势与主巷道相连，各户的大门开于小巷道上，利用巷道和天井采光、通风（图 3-2-11、图 3-2-12）。主次巷道前均无坊门，且整个村落外围没有围墙，反映了此地后期社会与经济发展状况。

图3-2-11　下灌村沿河大街　　　　　图3-2-12　下灌村的次巷道
　　（图片来源：作者自摄）　　　　　　（图片来源：作者自摄）

　　村内现存民居建筑大部分为砖木石混合结构，小青瓦屋面，且多为"金字式"硬山和封火山墙。村内砖、木、石三雕艺术精湛，山水人物、飞禽走兽、神话故事、锦文图案等，无不精致细腻，栩栩如生（图 3-2-13、图 3-2-14）。大宅内青石铺地，木雕门窗，彩绘壁画，随处可见。

　　村中有李氏宗祠、诚公祠、昌公祠三个。李氏宗祠最大，为主祠堂，位于村子中心最前方的入口处。李氏宗祠始建于明弘治十年（1497 年），后又多次重修，咸丰丙辰年（1856 年）因火灾烧毁，同年重建，同治九年（1870 年）重修。现建筑为清末所建，正面保持西洋风格（图 3-2-15）。宗祠入口后侧有戏台，上座内有神龛，供奉为李氏先祖李道辨、唐状元李郃等神像。李氏宗祠对研究南方宗祠建筑风格有较高的科学价值。

　　下灌村前冷江河下游不远处的山丘上建有文星塔。该塔原建于1766 年，后倒塌。清咸丰三年（1853 年）重建，为五级八面楼阁式，青石基座，二

图3-2-13　下灌村柱头檐枋
（图片来源：作者自摄）

图3-2-14　下灌村门上的横披
（图片来源：作者自摄）

图3 2-15　下灌村李氏宗祠正面
（图片来源：作者自摄）

层以上为青砖砌筑，高约 20m。

（四）道县田广洞村

1. 历史与建筑环境

永州市道县祥霖铺镇田广洞村始建于明洪武初年，坐东朝西，周边群山环抱。村子南面是高峻的铜山岭，南面高山及其余脉所形成座座山岭与村后、村北小山连成一线，趋环绕之势。村前是田垌，村子正对山口，山口南北相向蜿蜒的山脉，像两戏耍的巨龙。村北为一大片原始松林，四季常青，环境优美。全村保存有 7 栋明代建筑，200 多座清朝的房屋建筑（图 3-2-16、图 3-2-17）。2016 年 12 月田广洞村入选第四批中国传统村落名录。

2. 建筑布局及建造特点

田广洞古民居建筑群外围环绕有高约 2m 的寨墙，寨墙之外是护村壕

图3-2-16 田广洞村俯视图
（图片来源：道县住建局）

图3-2-17 田广洞村中的商铺
（图片来源：道县住建局）

沟。两条纵巷道环绕全村，十多条横巷道连通南北。全村有陈、郑、义、范、郭5姓，在各个不同方位的巷道口建有一族或一姓的门楼6座。街巷都按象形八卦纹排列，纵横交错，如同迷宫。

古民居建筑群占地56750m²，基本上是砖、石、木结构，建筑布局整体保存状况较好。民居院落布局紧凑，错落有致。建筑外墙均以青砖砌墙，多为二层楼房，小青瓦盖屋面，以金子山墙为主。外墙高处均有外窄内宽的枪眼。石质墙基、柱础、门枕和天井。泥塑、木雕、石雕、彩绘等工艺精湛，雕刻内容宽泛，栩栩如生（图3-2-18）。屋内地面、巷道等处一般以青砖铺墁。

111

图3-2-18 田广洞村民居檐枋组图
（图片来源：道县住建局）

道县田广洞村位于过去的湘桂古道上，村中及周边文物众多。其中位于村南1km处的鬼崽岭近万尊形态各异石人像的来历及其功用至今尚未明确。

　　另外，永州市宁远县天堂镇大阳洞张村、耒阳市新市镇新建村、衡东县荣桓镇南湾村（图3-2-19、图3-2-20）、郴州市北湖区鲁塘镇村头村（图3-2-21）、永兴县油麻乡柏树村（图3-2-22、图3-2-23）、宜章县梅田镇樟树下村、临武县汾市镇南福村（图3-2-24）等村落的空间结构，都有"街巷"式的特点。

图3-2-19　衡东县南湾村
（图片来源：衡东县住建局）

图3-2-20　衡东县南湾村街巷入口空间
（图片来源：衡东县住建局）

图3-2-21　郴州市村头村前大街
（图片来源：作者自摄）

图3-2-22　永兴县柏树村局部俯视图
（图片来源：永兴县住建局）

图3-2-23　永兴县柏树村巷道
（图片来源：永兴县住建局）

图3-2-24　临武县南福村
（图片来源：临武县住建局）

第三节　"四方印"式

一、总体特点

"四方印"式是湘南传统村落布局方式之一，即是以四合院为原型，左右前后加建，形成几进几横的方形庭院格局，一般为一正屋两横屋或一正屋三（或四）横屋的布局结构。建筑群轴线突出，居中的正屋为一组正厅、正堂屋，是主体建筑，高大，统帅横屋，用于长辈居住和供奉家族祖先牌位。两侧横屋稍低，与正屋垂直，用于家族中各支房居住和供奉各支房祖先牌位。每栋横屋的内部布局多为"四方三厢"式，即中间一间为"横堂屋"，左右各一间叫"子房"，用作卧室、书房和厨房等。房屋四周院落有时用高大院墙，与外界隔绝。

"四方印"式整体布局以院落、天井组织空间，对外封闭，通过外廊、巷道和过亭联系；既各自独立成小家小院，又相互和谐成大家大院；向中呼应，有强烈的向心力，是传统儒家"合中"意识和世俗伦理观念的体现；建筑空间注重人与生活、人与自然的和谐关系，是传统文化中"天人合一"的审美理想与人生追求的具体体现，也是传统"四方"观念、"九宫"图式和"中和"思想的体现。

二、实例

（一）零陵区干岩头村

1.历史与建筑环境

永州市零陵区富家桥镇干岩头村周家大院原名涧岩头村，村落始建于明代宗景泰年间，建成于清光绪三十年（1904年），由六大院组成：老院子、红门楼、黑门楼、新院子、子岩府（即翰林府第、周崇傅故居）和四大家院。

干岩头村的风水环境见第二章第一节。

村落整体平面呈北斗形状分布，建筑规模庞大，占地近 100 亩，总建筑面积达 35000m²。六个院落相隔 50 ～ 100m，互不相通，自成一体（图 2-1-12）。有各个时期的正、横屋 180 多栋，大小房间 1300 多间，游亭 36 座，天井 136 个，其间有回廊、巷道[1]。目前，六大院保存较好的有新院子、红门楼、周崇傅故居、四大家院。老院子和黑门楼基本上已经毁废。

2. 建筑布局及建造特点

六座大院虽不是同时期建造，但布局相似，都为"四方印"式庭院结构。建筑四周院墙高大，外侧院墙上开设有瞭望口，据说是当年的枪眼。建筑群目前保留有明清及民国时期的建筑样式，属典型的明清时期湘南民居大院风格。六大院的主体建筑为"三山式"或"五山式"封火山墙，其余横屋多数为悬山式，少数为硬山式。主轴线上的空间高大空旷，且两侧厢房多为木板墙，如四大家院中轴线厅堂两侧的厢房及其"尚书府"两侧的厢房（图 3-3-1、图 3-3-2）。门框、挑檐、瓜柱、驼峰、梁枋、木柱、石墩、石鼓、石凳、隔扇门窗等构件雕刻或绘制有各类代表吉祥富贵的动植物图案，以及历史人物故事等，工艺精湛（图 3-3-3）。

图3-3-1　四大家院主轴线
上的厅堂空间
（图片来源：作者自摄）

图3-3-2　四大家院中格扇门窗
（图片来源：作者自摄）

位于整体布局北斗星座"斗柄"尾部的四大家院中的"尚书府"是六大院中最有名的院落，为时任南京户部尚书的周希圣（1551 ～ 1635 年）所建。周希圣曾官至南京户部尚书。尚书府的堂屋为重檐硬山式，两端为"五山式"封火山墙（图 3-3-4）。民间居屋采用重檐式，在全国是少见

[1]　王衡生 . 周家古韵 [M]. 北京：中国文史出版社，2009：5-6.

的，可见主人当时不一般的地位和身份。如今的"尚书府"只保存了门楼和一进旧堂屋。

图3-3-3　四大家院厅堂屋架
（图片来源：作者自摄）

图3-3-4　四大家院"尚书府"堂屋
（图片来源：作者自摄）

子岩府是目前保存得最好的院落，位于整体布局北斗星座的"斗勺"位置上。现存建筑为四进正屋，西边是三排横屋四栋，东边是二排横屋三栋和菜园，东西外墙长120m，南北纵深100m。三排横屋之间用走廊和游亭连接（图3-3-5、图3-3-6）。

图3-3-5　子岩府现状俯视图
（图片来源：湖南图片网）

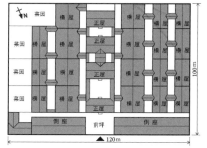

图3-3-6　子岩府平面图
（图片来源：作者自绘）

（二）零陵区蒋家大院

1.历史与建筑环境

金花村又称蒋家大院，位于距离永州市零陵城区30km的梳子铺乡，占地面积为1700m²，坐西北朝东南，西靠山丘、南连村落（金花村）、东为一片开阔的田垌。据蒋氏家谱推测，蒋家大院始建于明天启年间（1621～1627年）。

金花村整体建筑保存基本完整，由门屋（倒座）、三个天井、三排正屋及左右各一排横屋组成，属于一正屋两横屋的"四方印"式空间结构（图3-3-7）。

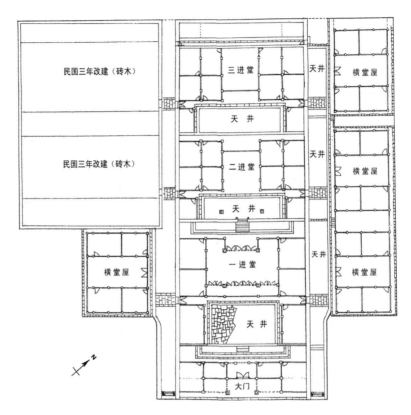

图3-3-7　金花村蒋家大院总平面图
（图片来源：永州市文物管理处）

2. 建筑布局及建造特点

蒋家大院为中轴线对称布局，砖木结构，小青瓦屋面（图3-3-8）。民国3年（1914年）南侧两间后横屋改建、扩建后，建筑朝向与正屋相同。门屋和后面的三排正屋都为五开间，面阔相同，但进深不同。两侧横屋均为三栋，"四方三厢"式：三开间，中间为堂屋，两侧为厢房。每栋横屋建筑格局及面积相同，为悬山屋面。三排正屋两端为"五山式"封火山墙，正屋前天井两侧均有耳房。正屋和横屋通过房前走廊和过亭联系，正屋和横屋前均设走廊，各正屋前走廊两端设券门，过券门为联系正屋和横屋的过亭。

中轴线上的建筑地基从门屋开始逐渐向后抬高，所以，后栋建筑逐一高于前一栋。门屋为三柱二进深，中间三开间在前面设门廊，大门开在中柱位置，门两侧均为木板墙。大门的石门墩和门槛较高，门槛前廊下有莲花青石凳一对，门前为青石甬道。门屋为金字山墙，且山墙在前面出耳，墀头处用青砖叠涩向上起翘。门屋中间三开间屋面高出两端屋面约0.4m（图3-3-9），此做法与零陵柳子庙前厅的屋面略高出东、西两厢屋面的做法相似。

蒋家大院中，堂屋、走廊和
过亭的地面均为四方青砖铺垫，
走廊和天井用青石镶边，天井亦
均为青石板铺垫。柱础有青石和
木头两种，青石柱础为覆盆形，
素面。木柱础为四方形，底部镂
空雕刻卷云纹饰。柱头有用斗栱
承托梁枋的做法。

图3-3-8　蒋家大院现状俯视图
（图片来源：永州市文物管理处）

蒋家大院中的梁架构件，如
雀替、斜撑、斗栱、檐枋等均进
行艺术加工（图 3-3-10）。大院中大量使用高浮雕和圆雕艺术，尽管雕刻线
条简洁，但线条清晰，生动自如。蒋家大院具有典型的湘南建筑特色，其
建筑格局、封火山墙、青砖地面、木板墙壁、莲花石凳、木雕斜撑斗栱、
多样的柱础等建筑构件，体现了明代的建筑风格及建筑艺术特点，具有较
高的历史、艺术、科学价值。

图3-3-9　蒋家大院中轴线上的门屋
（图片来源：永州市文物管理处）

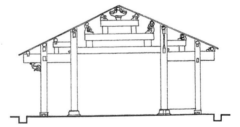

图3-3-10　蒋家大院二进厅屋明间梁架
（图片来源：永州市文物管理处）

另外，浏阳市金刚镇清江村桃树湾刘家大屋（图 3-3-11）、大围山镇东
门村锦绥堂涂家大屋（图 3-3-12），衡阳市的衡南县宝盖镇宝盖村廖家大
屋（图 3-3-13）、衡南县栗江镇上家村宁家大宅（图 3-3-14）、耒阳市太义
乡东坪村周家大屋、上架乡珊钿村上湾组（图 3-3-15）、公平圩镇石湾村
曾家大院（图 3-3-16），郴州市宜章县的玉溪镇樟涵村新屋里吴家大院（图
3-3-17～图 3-3-19）、资兴市的清江乡留家田村、三都镇流华湾村（图 3-3-20）、
程水镇石鼓村程氏大屋（图 3-3-21），永州市的蓝山县古城村与石磉村、大
忠桥镇蔗塘村李家大院（图 3-3-22）、祁阳县观音滩镇八尺村的刘家大院
与胡家大院（图 3-3-23）、白水镇竹山村（图 3-3-24）、宁远县黄家大屋（图
3-3-25、图 3-3-26），娄底市的双峰县荷叶镇曾国藩故居富坨村富厚堂和天
坪村白玉堂等，也都有"四方印"式结构形态特点（图 3-3-27）。

图3-3-11 桃树湾刘家大屋

（图片来源：作者自摄）

图3-3-12 锦绥堂涂家大屋

（图片来源：作者自摄）

图3-3-13 宝盖村廖家大屋

（图片来源：王立言摄）

图3-3-14 衡南县栗江镇上家村宁家大宅

（图片来源：资兴市住建局）

图3-3-15 耒阳市珊钿村上湾组

（图片来源：耒阳市住建局）

图3-3-16 耒阳市石湾村曾家大院

（图片来源：耒阳市住建局）

图3-3-17 樟涵村吴家大院外立面

（图片来源：宜章县住建局）

图3-3-18 樟涵村吴家大院后进立面

（图片来源：作者自摄）

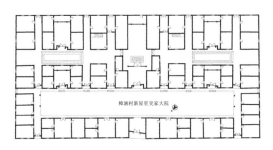

图3-3-19　樟涵村新屋里吴家大院平面
（图片来源：刘洋绘）

图3-3-20　资兴市流华湾村
（图片来源：资兴市住建局）

图3-3-21　资兴市石鼓村程氏大屋
（图片来源：资兴市住建局）

图3-3-22　祁阳县镇蔗塘村李家大院
（图片来源：祁阳县住建局）

图3-3-23　祁阳县八尺村胡家大院
（图片来源：祁阳县住建局）

图3-3-24　祁阳县竹山村
（图片来源：祁阳县住建局）

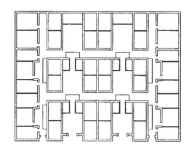

图3-3-25　宁远黄家大屋平面
（图片来源：魏欣韵. 湘南民居：
传统聚落研究及其保护与开发 [D].
长沙：湖南大学，2003）

图3-3-26　宁远黄家大屋外立面
（图片来源：作者自摄）

（a） （b）

图3-3-27　曾国藩故居
（a）富厚堂；（b）白玉堂
（图片来源：王萌摄）

第四节　"行列"式

一、总体特点及其适应性

湘江流域"行列"式传统村落主要集中在衡阳、永州、郴州等南部地区，其空间结构特点是民居建筑沿纵轴方向成行排列，每列建筑之间宽度较大的巷道是进入村落的主要入口，为主巷道，横向次巷道与主巷道垂直相交，巷道宽度多为 1～2m。由于地形条件（如前后地形存在较大高差）和建设年代不同，有的村落也存在横向较宽的通道。村内民居建筑空间为天井（院落）式，独立的单户，大门侧面开向主巷道。为防盗和御敌，巷道入口处往往设门庐。村前有敞坪和水塘，满足生产和生活需要。

湘南传统村落采用"行列"式布局，适应了地区炎热潮湿的气候特点。一方面，它保证了村中每户都有良好的朝向，户内能够接纳较多的阳光照射；另一方面，它又能够让村中形成良好的通风环境。当村落的主要巷道与夏季的主导风向平行时，在正常情况下，来自田野、池塘和树林的凉风就能通过天井或敞开的大门吹进室内[1]；巷道有通风疏导作用，相对于村落的封闭空间，当风从村前或村后吹向村落时，受到村落界面墙的阻挡，通过巷道的风速就会增大，从而加大村落内的空气流动，可以带走更多的热量；同时，由于巷道较窄，白天受阳光照射少，温度较低，而天井（院落）空间较大，受太阳辐射较多，温度较高，根据热压通风原理，常风情况下，当天井（院落）内热空气上升，巷道内的冷空气就会补充进来，从而达到

---

[1]　陆元鼎，魏彦钧. 广东民居 [M]. 北京：中国建筑工业出版社，1990：22.

降温作用[1]。

二、实例

（一）常宁市下冲村

1.历史与建筑环境

衡阳常宁市罗桥镇下冲村新屋袁家古村落，处于大义山脉西坡，村前为潭水支流汤河，村后有三座横兀小山形如虎头上的"王"字，前与猪形岭对峙，如古屏风，左右被书房岭、茶叶山诸峰环绕，形如虎爪。整个村子建设在虎形山卧虎的虎穴之中，并随大义山脉对面的自庙前金龙岩逶迤而来的龙脉山势而建。其三个正公厅屋（各房的堂屋袁氏称为公厅屋）的中厅屋正对大义山主峰牛迹（踩）石，面南的厅屋"德馨第"正对白埠岭主峰侧的笔架山坳。远观古村，三山环合，山如怀抱，村如心房，村后山峦重叠，树木参天；村前视野开阔，地势平坦，左右田垌舒展。三房公厅屋前有一半月形明塘（图3-4-1）。

121

新屋袁家古村落始建于清康熙年间（袁氏族谱记载："后裔永权公即星缠公于康熙五十七年（1718年）购汤姓地基大兴土木另建袁氏新宅"），清乾隆初年已颇具规模。整个古村为"袁氏"同姓聚居，占地面积达20800m²。目前保存良好的有祠堂3座，民宅12栋，古书房1栋，古井1座，古巷道25条，以及古树、古桥等。三房公厅屋纵向整齐向外排列(三纵二横)（图3-4-2）。

图3-4-1 下冲村新屋袁家民居俯视图
（图片来源：常宁市住建局）

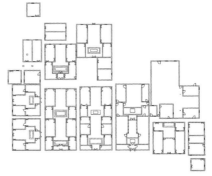

图3-4-2 下冲村新屋袁家古村主体
建筑现状平面图
（图片来源：常宁市住建局）

2.建筑布局及建造特点

在整体规划上，新屋袁家古村呈"反L型"，其主体建筑坐西北朝东南，

[1] 陆琦. 中国民居建筑丛书：广东民居 [M]. 北京：中国建筑工业出版社，2008：250-251.

民居群规划整齐。民居建筑整体依山势，地基按院落层次向后梯次升高。此设计有利通风、防洪与排水。村前有敞坪、古井和月塘，平时用于晾晒作物、饮水和洗漱，遇火灾可就近取水。民居建筑均为砖木结构，外部青砖墙体，内部主要梁架为穿斗式，厢房、厨房与过厅多以木板相隔。

单栋建筑为两层、三开间三进天井式，由门厅、中厅、正厅、左右厢房、厨房、杂房、储存间、耳室组成。门厅为过道，左右用木板墙分为杂物间和厨房。中厅有的设有中门，为待客场所。正厅高大宽敞，均设木质神龛祖先牌位，是聚会及祭奠场所。

屋场内具有完整的排水系统。每进长方形天井居中，上纳四水归堂，周边设回廊。天井采用青石铺筑，纳水口均为钱字纹，寓意"纳天下之财，收天下之福"之意。古村院落之间各自独立，又相互联系，巷道墙体均设有窄箭窗，是为防盗、观察、攻敌之防御功用，夜间则有照明之功能。

建筑入口处为单坡顶，对内坡向天井。入口处外墙只做檐口叠涩出挑，无檐无廊；石质门框、门墩，门头上方均有砖雕门楼装饰，外形朴实大方，是其特色之一。主体建筑屋面双坡瓦顶，但檐口设计前低后高，是其特色之二。

室内多为三合土地面，装饰多体现在窗户、屏风、门雕、花木板、檐柱头、石柱础等部位，装饰图案如拐子龙、宝相花（又称宝仙花、宝莲花）、莲花、民间故事、瑞兽等，工艺多为明雕。建筑以直棂窗为主，但三房公厅屋轴线两侧，如梁架木屏、正厅（堂屋）两侧或对面的阁楼处，多见有回字纹和菱格纹窗户。石柱础有六边形、八边形、圆形、腰鼓形、覆盆形等形式，侧面雕刻的动植物装饰图案丰富。

（二）汝城县上水东村"十八栋"

郴州市汝城县卢阳镇东溪上水东村位于县城南 2km，始建于清乾隆年间，现有古民居建筑面积 4800m²，另有祠堂、学堂、武校等，建筑面积超过 500m²，是汝城县保存较完整的古民居群之一（图 3-4-3）。村落四周青山环绕，风景清幽，美丽如画。

图3-4-3　上水东村"十八栋"现状俯视图
（图片来源：作者自摄）

上水东村朱家大宅主体建筑有十八栋，包括住宅十七栋，祠堂一座，俗称"十八栋"。十八栋建筑同时奠基窖脚，占地约八亩。主体建筑正院坐西朝东，为纵深五进四排正栋，正院纵向三轴线，对称布局，共十二栋。祠堂位于中间轴线的顶端，后面原辟有花园（图 3-4-4）。前面朝门

122

对称平行于后面的正院建筑，为六柱牌楼式，据说是南楚名形家肖三四勘定的汝城县"三条半"朝门之一，主文运[1]。朝门有联云："水国神龙现，东方彩凤飞"，联首两字将"水东嵌入其中"。朝门前原有一半月形明塘，远处是缓缓的山丘林地，呈环抱之势。

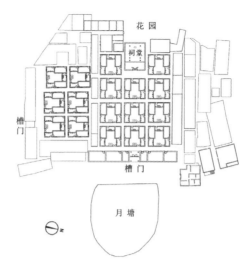

图3-4-4　上水东村"十八栋"平面图
（图片来源：谭绥亨绘）

正院南侧有两排跨院，坐北朝南，垂直于正院，共六栋。跨院前另有一侧向朝门，为"一字"门斗式。正院和跨院各以墙垣回廊包绕，内部用巷道联系。

由于"同时奠基窨脚"，十七栋住宅建筑在平面布局、立面形式和开间尺寸等方面全部一致。每栋均为"一明两暗"的三开间格局，平面尺寸均为10.8m×10.5m，楼梯设在堂屋后面的退堂内。砖木混合结构，硬山墙，小青瓦屋面。每栋对外大门不辟在正中间，而是偏在一侧。进门为天井空间。与其他民居的

图3-4-5　上水东村"十八栋"祠堂檐枋
（图片来源：作者自摄）

123

天井不同，十七栋住宅天井的采光口均位于堂屋对面的照墙一侧，照墙对外不开窗，塑中堂对联。天井两侧分别为厨房和储物间，用雕花隔扇门窗通过天井采光。

上水东村民居建筑装饰装修精美（图3-4-5），尤其是十八栋正院的左右两排住房和曾任工部主事的朱炳元旧居，在门窗、藻井、梁枋及隔扇等处，均饰以寓意文运、修身养性、吉祥富贵的花鸟、人物、故事寓言、格言等，并采用浮雕、透雕、镂雕、圆雕成型，构图严谨，形态逼真。圆木门簪正面常雕刻有八卦图、太极图或八卦太极图。

（三）郴州市长冲村

1. 历史与建筑环境

郴州市苏仙区东南部望仙镇长冲村，距离郴州市区18km。村中古民

---

[1]　汝城县人民政府. 上水东古民居群保护碑，2009年立.

居群始建于清雍正年间，坐西北朝东南，现存民居48幢，保存较好，总建筑面积约10000m²，居住近百户，400余人。

长冲村坐落在山水相间处，四周是绵延于此的五岭余脉，丘陵地貌特征明显。古民居建筑群背靠青山，前有小河，其余三面为田垌旷野，体现了古人"择水而居"的选址理念。村中现存古桥一座、古井一口，以及古树等。

2.建筑布局及建造特点

长冲村现存主体建筑为三纵五横十三栋，以三进式为主，内置天井、走廊。整个古民居建筑格局统一，历史风貌保存完整、规划整齐、结构紧凑。建筑群内部通过青石板巷道联系，主巷道对外出口处设门庐，夜晚可关闭（图3-4-6、图3-4-7）。

图3-4-6　郴州市长冲村外景　　　　图3-4-7　郴州市长冲村内巷道组图
　（图片来源：作者自摄）　　　　　　（图片来源：作者自摄）

整个民居建筑具有湘南特色，都是外为砖墙、内为木构架隔板墙的砖木结构，小青瓦屋面，以金字山墙为主，局部有"二山式"封火山墙，飞檐翘角，檐口和墙头多用青砖叠涩出挑。壁檐彩绘、木雕、石雕、砖雕、泥塑有各种形态的人物、动物和花卉，工艺精湛，且数量较多。明沟、暗沟设计合理，排水系统完善。

（四）东安县横塘村

1.历史与建筑环境

永州市东安县横塘镇横塘村村后青山叠翠，阿公山、金字岭、尖峰岭、寨岭此起彼伏，村前田垌开阔。因其地形独特，史称"睡牛地"。周氏族人借自然之山水、森林、溪岸，配合自身的村居建设，构筑了一个先天睡牛意象的格局。

横塘村周家大院始建于明末清初，一直都是周氏族人居住，规模宏大（图3-4-8、图3-4-9）。大院坐西朝东，占地面积46 000m²，建筑面积

22 000m^2，八条青石板巷道自东向西深入，把整个大院分成九纵。过去七纵建筑前各有一口池塘，七口池塘横列于村前，也许这是横塘村名的由来[1]。村北不远处是村里的戏楼、文昌阁所在地，现已倒塌，只剩断壁残垣。村落主要的饮水源为村北的一口水井。

图3-4-8　横塘村环境远视图
（图片来源：东安县住建局）

图3-4-9　横塘村环境现状图
（图片来源：东安县住建局）

2. 建筑布局及建造特点

周家大院为砖木结构，小青瓦屋面。主体建筑均为封火山墙，饰以白色腰带，在阳光下熠熠生辉（图3-4-10）。整个大院有九纵十八栋：每纵分前后两栋，每栋有四进四个天井，后面的天井为家庭的后院空间，用后照墙与外面隔开。横塘村有大小房间三百二十余间。每栋房屋之间由巷道隔开，所有巷道由青石板铺成，纵横交错。有的建筑外墙阳角用1m以上麻石护角。

周家大院是湘南边陲古代民居建筑的代表作之一。每栋房屋雕梁画栋，整个大院重楼翘檐，门窗、檐枋、墙壁上刻有福、禄、八仙、花鸟、龙凤、狮子、麒麟等各种不同的图案，神态逼真，各具特色。地面用三合土夯实，院落呈长方形，用青石板铺筑的天井内，看不见明显的下水道，说明其排水系统非常巧妙科学。每座正屋的大门均为青石门框，石门框下表面常雕刻有八卦太极图。

因为周氏祖先是明朝大官，清末又有人考取进士，在广州南海县做县丞。从这里经过的大小官员都得"文官下轿，武官下马"。

图3-4-10　横塘村周家大院局部俯视图
（图片来源：东安县住建局）

[1]　胡功田，张官妹.永州古村落 [M].北京：中国文史出版社，2006：10.

125

院内现留有拴马石柱数根。2016 年 12 月横塘村入选第四批中国传统村落名录。

（五）双牌县板桥村

1. 历史与建筑环境

永州市双牌县理家坪乡板桥村吴家大院，北距双牌县城 35km。大院后为风景秀丽的后龙山，前临坦水河，面对高大雄伟的将军岭，门前有较宽阔平坦的绿野良田千亩。

吴家大院居民均为吴姓，是南宋淳佑年间的特科状元吴必达的后裔，明末从道县石下渡迁来此地居住，繁衍至今。自明末吴家祖辈学神公选址于后龙山下，吴家宅院即依时代先后自西向东发展。

吴家大院的房屋布局均坐西朝东，东西长、南北窄。大院前有敞坪，坪前是半圆形荷塘，用青石护坡，岸上建有石栏。荷塘既给吴家大院增添了灵气，又是消防水源。建筑外围有用卵石砌成的围墙，开南北两门。现存主体建筑全为清代建筑，由于村民的新建住房大部分都在老宅外围，所以吴家大院保存十分完好，传统建筑风貌破坏较少。

2. 建筑布局及建造特点

吴家大院古建筑群，布局完整统一，纵横有序，错落有致，占地 40 余亩，建筑面积超过 4000m² （图 3-4-11 ～图 3-4-14）。其中，律莩齐辉 1500 ㎡，拔萃轩 1200m²，中院 350m²，后院古屋 800m²，厢房 150m²。清嘉庆年间，吴景云在后院古屋（祖宅）前建"拔萃轩"与"律莩齐辉"等建筑（图 3-4-15）。"拔萃轩"与后院古屋形成前后两院。吴景云曾官至府台，其父吴学神为嘉庆处士，伯父吴学庆为嘉庆贡生。吴景云育有三子：吴俊魁、吴乃武、吴俊伟。清咸丰七年（1857 年）至咸丰九年（1859 年），次子吴乃武及长子吴俊魁高中举人后分别在院前立石碑、石柱、拴马桩，并在石柱上分别刻文记载。后院大厅堂上挂有"风清古稀"匾一块，是由翰林院编修提督湖南全省学政在嘉庆二十四年（1819 年）奉皇命为贡生吴学庆之母七旬华诞所送。

图3-4-11　板桥村前侧俯视图　　　　图3-4-12　板桥村后侧俯视图
（图片来源：永州市文物管理处）　　（图片来源：永州市文物管理处）

图3-4-13　板桥村拔萃轩轴线上天井
空间
（图片来源：永州市文物管理处）

图3-4-14　板桥村拔萃轩与律莩齐辉
间巷道
（图片来源：永州市文物管理处）

　　吴家大院的古民居建筑均为砖木结构，青砖外墙，内部以穿斗式梁架为主，局部采用抬梁式，小青瓦顶，飞檐翘角。主体建筑多为硬山山墙，但"拔萃轩"与"律莩齐辉"的前栋主屋为三山式封火山墙，突出了建筑群的外部形象。石门槛、石柱础、门窗、檐枋等处雕刻精细，内容丰富，如石门槛正面的双凤朝阳、石门墩正面的踏云麒麟、石柱础上的展翅大鹏、门窗上的暗八仙、厢房前檐枋的鳌鱼雕刻、檐枋下的鱼龙雀替等等，几何形的窗格配以寓意吉祥的动植物形态，生动精美，古色古香（图3-4-16）。建筑入口正门用石门框，对外大门均为石门槛，门框上方做翘角卷棚式门头，雕刻和彩绘装饰图案。建筑间巷道、天井等处均用青石板铺设。2011年3月吴家大院被公布为省级文物保护单位。

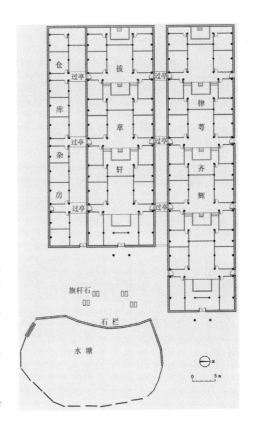

图3-4-15　板桥村前院平面图
（图片来源：永州市文物管理处）

　　另外，郴州市的苏仙区坳上镇坳上村（图3-4-17）、汝城县文明镇沙洲瑶族村和文市司背湾村（图3-4-18、图3-4-19）、永丰乡先锋村（图3-4-20）、永兴县金龟镇牛头下村（图3-4-21）、马田镇邝家村、文子洞村（图3-4-22）、高亭乡高亭村、东冲村（图3-4-23）和板梁村（图3-4-24）、桂阳县黄沙坪区沙坪大溪村（图3-4-25）、正和镇阳山村（图3-4-26）、和平镇筱塘村（图

3-4-27）、洋市镇南衙村（图 3-4-28）、宜章县白沙圩乡桐木湾村、皂角村、迎春镇碛石村、华塘镇豪里村、临武县土地乡龙归坪村（图 3-4-29），衡阳市的常宁市白沙镇上洲村（图 3-4-30）、官岭镇新仓新塘下村罗家大宅（图 3-4-31）、庙前镇中田村、资兴市程水镇星塘村（图 3-4-32），永州市的零陵区大庆坪乡芬香村（图 3-4-33）、新田县三井乡谈文溪村、蓝山县新圩镇滨溪村（图 3-4-34）、双牌县江村镇访尧村、江永县瑶族乡小河边村扶灵瑶首家大院等村落的主体空间结构，都呈明显的"行列"式布局。

（a）　　　　　　　　　　　　　　（b）

图3-4-16　板桥村檐枋雕刻组图
（a）檐枋形式一；（b）檐枋形式二
（图片来源：永州市文物管理处）

图3-4-17　郴州市坳上镇坳上村后俯视
（图片来源：作者自摄）

图3-4-18　汝城县文市司背湾东村　　　　图3-4-19　汝城县文市司背湾西村
（图片来源：作者自摄）　　　　　　　　（图片来源：汝城县住建局）

图3-4-20　汝城县先锋村前俯视图
（图片来源：作者自摄）

图3-4-21　永兴县牛头下村
（图片来源：永兴县住建局）

图3-4-22　永兴县文子洞村局部俯视图
（图片来源：永兴县住建局）

图3-4-23　永兴县东冲村局部俯视图
（图片来源：永兴县住建局）

图3-4-24　永兴县板梁村俯视图
（图片来源：作者自摄）

图3-4-25　桂阳县大溪村局部俯视图
（图片来源：桂阳县住建局）

图3-4-26　桂阳县阳山村俯视图
（图片来源：作者自摄）

图3-4-27　桂阳县筱塘村局部
（图片来源：桂阳县住建局村）

图3-4-28　桂阳县南衙村局部
（图片来源：桂阳县住建局村）

图3-4-29　临武县龙归坪村
（图片来源：临武县住建局）

图3-4-30　常宁市上洲村
（图片来源：常宁市住建局）

图3-4-31　常宁市新塘下村罗家大宅
（图片来源：常宁市住建局）

图3-4-32　资兴市星塘村
（图片来源：作者自摄）

图3-4-33　永州零陵区芬香村
（图片来源：零陵区住建局）

图3-4-34　蓝山县滨溪村
（图片来源：蓝山县住建局）

第五节　"王"字式

一、总体特点

村落内部基本组合单元为"王"字式院落空间，村落由多个呈"王"字式结构的院落组成。在"王"字式结构院落中，以中间的正堂屋空间串联各进建筑，正堂屋空间一般为三进三厅，两侧横屋为单进深，一般也为三进三开间。各组建筑轴线突出，空间方正。村落依地形自由生长，体现了农耕文化特点。

永州市祁阳县潘市镇龙溪村的李家大院，是目前发现的典型的"王"字式院落大宅民居村落。它适应了湘南的山地丘陵环境和中亚热带季风性气候特点，随着家族的发展，新的"王"字式合院建筑在原有建筑附近生长，逐渐形成了大的院落群体。

二、实例

祁阳县龙溪村

龙溪村李家大院坐落在永州市祁阳县潘市镇象牙山脚下，始建于元末明初。明弘治十一年（1498年）至清咸丰二年（1852年）逐步扩建成现在的规模。现保存完好的房屋有36栋，游亭18座，大厅36间，粮仓3栋，花厅1栋，总占地面积50亩，建筑面积7100㎡（图3-5-1、图3-5-2）。

图3-5-1 龙溪村现存主体建筑全景图
（图片来源：祁阳县农村规划办公室）

龙溪村原由老屋院，吊竹院，上、下院和品字书屋组成，现存的村落仅有上、下院和李氏宗祠。因村落北面有一条自西向东、蜿蜒绵长、长年不断流的龙溪，故名"龙溪村"，又因宗族血缘关系，历代相传聚居于此的皆为李姓子孙，人们又习惯地直接称之为"龙溪李家大院"。

李家大院由多个呈"王"字式结构的院落组成，村落按照"房份"的分支，分上、下两院。在"王"字式结构院落中，中间的正堂屋空间高大、空旷（图3-5-3）。正堂屋轴线上分布有多个游亭，联系两侧的天井（院落）。最多的"王"字式院落空间为四进四厅，三个游亭。游亭两边为木板屋，称为"木心屋"。正堂屋是家族的公共活动空间，上下两院的祭祀及红白喜事分别在各自的正堂屋里举办。横堂屋没有祭祀供奉的功能，是与其他宗族建筑的横堂屋在功能上最大的区别。李家大院的祠堂位于村落左前方，是全村的核心（图 3-5-4）。

　　李家大院主体建筑以硬山为主，飞檐翘角，层楼叠院，错落有致，装饰艺术精美（图 3-5-5、图 3-5-6）。电视剧《陶铸》及电影《故园秋色》曾在此取景。2006 年公布为第八批省级文物保护单位，2009 年公布为湖南省第二批历史文化名村，2013 年成为第七批全国重点文物保护单位之一。

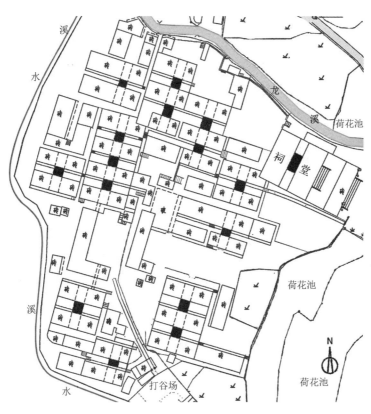

图3-5-2　龙溪村现存主体建筑总平面图
（图片来源：祁阳县农村规划办公室）

图3-5-3　龙溪村李家大院正堂屋
（图片来源：作者自摄）

图3-5-4　龙溪村李家大院祠堂
（图片来源：作者自摄）

图3-5-5　龙溪村李家大院墀头装饰组图

（图片来源：作者自摄）

图3-5-6　龙溪村李家大院窗户组图

（图片来源：作者自摄）

三、"丰"字式与"王"字式的差异

龙溪村李家大院是典型的明清江南庄园式建筑，有明显的地方特色。比较局部"王"字式与整体"丰"字式民居的村落空间结构，可以发现，"王"字式院落民居的村落整体轴线不够明确，而"丰"字式院落民居的村落纵横轴线都很明显；"王"字式合院两侧房屋为单进深，为前后居，朝向一致，侧堂屋与每户住宅结合，没有祭祀供奉的功能，而"丰"字式两侧的横屋有明显的轴线，侧堂屋位于横轴线上，侧堂屋两侧的住户分属不同的"支"，分左右居，朝向相反。

第六节　"曲扇"式

一、总体特点

目前湘江流域发现的"曲扇"式传统村落主要分布于南部地区。"曲扇"式民居村落（大宅）多以村前或村中的池塘或祠堂为中心，呈扇面向四周展开，纵向主巷道呈放射状向后延伸。村中横向次巷道与纵向主巷道相交。单体建筑大部分开门于次巷道。村落融合了传统四合院和客家民居的布局方式，具有明显的向心性。如：

1）永州市的新田县枧头镇黑砠岭村、宁远县湾井镇久安背村和路亭村（图3-6-1），衡阳市的常宁市西岭镇六图村（图3-6-2）、耒阳市太平圩乡寿州村，郴州市的苏仙区良田镇两湾洞村（图3-6-3）、汝城县马桥镇高村（图3-6-4）、石泉村（图3-6-5）、外沙村（图3-6-6）、暖水镇（田庄乡）洪流村（图3-6-7）、土桥镇金山村、土桥村（图3-6-8）、北湖区鲁塘镇陂副古村（图3-6-9）、宜章县黄沙镇（长村乡）千家岸村（图3-6-10）、白沙圩乡才口村（图3-6-11）、沙坪村（图3-6-12）、五甲村（图3-6-13）、莽山乡黄家塝村（图3-6-14）、桂阳县莲塘镇锦湖村（图3-6-15）、洋市镇庙下村（图3-6-16）等，围绕村

135

图3-6-1　宁远县路亭村
（图片来源：作者自摄）

图3-6-2　常宁市西岭镇六图村
（图片来源：常宁市住建局）

图3-6-3　郴州市两湾洞村
（图片来源：郴州市住建局村）

图3-6-4　汝城县高村俯视图
（图片来源：作者自摄）

前的池塘依地形呈扇面展开。祠堂位于村落前面，祠堂前有敞坪，敞坪外为池塘。大型村落前的水塘也较大，如久安背村前水塘约 5 亩，路亭村前水塘约 10 亩。随着人口增多，民居建筑围绕池塘分布，村落整体上几乎成为圆形，如桂阳县的锦湖村和庙下村。随着家族分支的扩大，有的村落发展有多个中心，如汝城县的高村、石泉村、金山村、土桥村等。

 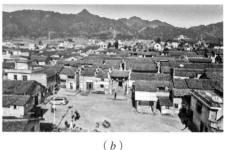

（a） （b）

图3-6-5 汝城县石泉村鸟瞰
（a）鸟瞰图；（b）局部俯视图
（图片来源：作者自摄）

图3-6-6 汝城县外沙村局部
（图片来源：作者自摄）

图3-6-7 汝城县洪流村鸟瞰
（图片来源：作者自摄）

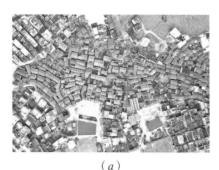 

（a） （b）

图3-6-8 汝城县土桥村
（a）鸟瞰图；（b）局部俯视图
（图片来源：作者自摄）

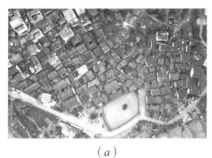

（a）　　　　　　　　　　　　　　　　（b）

图3-6-9　郴州市陂副村
（a）鸟瞰图；（b）局部俯视图
（图片来源：郴州市住建局村）

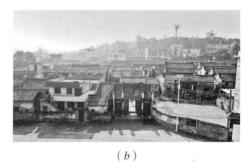

（a）　　　　　　　　　　　　　　　　（b）

图3-6-10　宜章县千家岸村
（a）鸟瞰图；（b）局部俯视图
（图片来源：作者自摄）

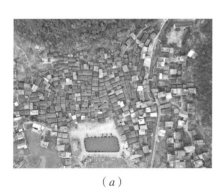

（a）　　　　　　　　　　　　　　　　（b）

图3-6-11　宜章县才口村俯视图
（a）鸟瞰图；（b）局部俯视图
（图片来源：作者自摄）

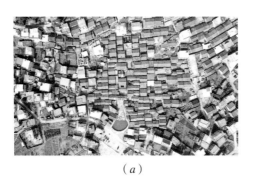

（a）　　　　　　　　　　　　　　　　（b）

图3-6-12　宜章县沙坪村
（a）鸟瞰图；（b）祠堂前空间
（图片来源：作者自摄）

图3-6-13　宜章县五甲村鸟瞰图
（图片来源：作者自摄）

图3-6-14　宜章县黄家塝村
（图片来源：作者自摄）

图3-6-15　桂阳县莲塘镇锦湖村局部
（图片来源：傅立德.湖南古村落的特色与保
护——以湖南省郴州市为例 [A]. 中国城市规
划年会论文集 [C]. 大连，2008）

图3-6-16　桂阳县洋市镇庙下村
（图片来源：湖南省住房和城乡建设厅.湖
南传统村落（第一卷）.北京：中国建筑
工业出版社，2017:41）

　　2）永州市宁远县柏家坪镇礼仕湾村前为县境内最大的春水河，村后
为大瑶山，村落依地形以村中的祠堂为中心，呈扇形摆开，呈放射状向四
周发展。

　　"曲扇"式传统村落布局严谨，合院式单体建筑内部尊卑有序。依地
形以村前半月形池塘为中心的村落，呈扇面向四周展开，村落与半月形池
塘整体上构成了一个近似太极的图案，是对宇宙图式的一种表达，也体现
了生殖崇拜的传统文化特征。前面半月形池塘象征阴，后面的扇形村落象

征阳，两者合为一圆代表天，建
筑前的坪地象征地，是依地形对
"天圆地方，阴阳合德"宇宙图式
的表达，也是生殖崇拜、仿生象
物意匠的体现。

二、实例

（一）新田县黑砠岭村

1. 历史与建筑环境

永州市新田县枧头镇黑砠岭
村龙家大院，始建于宋神宗元丰
年间。村落坐西南朝东北，三面
环山，村口开有半月形池塘，池
塘面积 1400m²，塘水清澈，经年

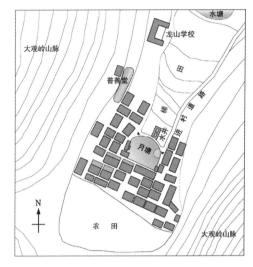

图3-6-17 黑砠岭村现状总平面图
（图片来源：据黑砠岭村现代地形图绘制）

不干。全村现有 48 栋古民居，依山形地势自东北向西南递次构建，临池
塘呈扇面展开（图 3-6-17、图 3-6-18）。旧时龙家大院是一个全封闭式的古
民居群体，村后有古井群，有高达数米的两层环形护院墙及古寨堡，与半
月形池塘构成一个近似的太极图案。村中有大小青石巷弄 24 条，纵向巷
道前面与池塘边的环形大巷道相连。在池塘两端各有一个巷口门楼作为全
村的出入口。整个大院现有建筑面积 5780m²，村前有普善堂和龙山学校等
建筑（图 3-6-19）。

图3-6-18 黑砠岭村后山俯视图
（图片来源：新田县住建局）

图3-6-19 黑砠岭村前龙山学校
（图片来源：作者自摄）

2. 建筑布局及建造特点

龙家大院民居房屋规模较小，多为二进三开间。外部为石基砖墙，硬
山两端出垛子，稍微高出屋檐，叠涩盖瓦起翘，墀头正面均塑八字双凤鸟。
内部多为穿斗式木构梁架，并依使用目的之不同，用木质装修的屏风、隔扇分隔。单体建筑较高，前厅后堂，厅堂通高不分层，显得高大宽敞。堂后宝壁之上，内摆祖先牌位，初一、十五拜祭。厅堂两侧为卧房，分两层，下层居住，上层放置什物。厅堂前檐常做成各式的轩，形制秀美。

龙家大院建筑特色浓郁，建筑风格和形制统一，规划精巧，每户独立成栋，一户一巷子。门户之间，小巷之上，有过廊连接。每栋靠小巷的墙上，于一人高处开有一个或两个小窗口，据说旧时入夜，将油灯置放在窗口，既照亮了自家，又方便了路人（图3-6-20、图3-6-21）。

图3-6-20 黑砠岭村巷道 　　　　　　图3-6-21 黑砠岭村墙上照明灯窗
（图片来源：作者自摄）　　　　　　　（图片来源：作者自摄）

3. 龙家大院的建筑装饰艺术特色

精美的装饰艺术，是龙家大院内的一大亮点，建筑内梁枋、门窗、格扇、门墩、柱础、雀替、挑檐、墙上彩绘、灰塑、吻兽，甚至角柱石等，无一不精雕细琢，线条流畅，工艺精湛，造型各异，神情逼真。其装饰艺术的另一民俗特色是以象征性的图案，表达图腾崇拜和祈望思想。如隔扇绦环板上阳雕的松子、莲蓬、石榴，墀头正面的八字双凤鸟灰塑、凤凰宝瓶脊刹、建筑山墙上的太阳、葫芦图案等，既是对女性生殖崇拜的表达，也是对民族图腾的表达（图 3-6-22～图 3-6-25）。其中的圆形图案可认为是两重意思，一是对女性的生殖崇拜，一是对太阳的崇拜。

学者们研究认为，以正三角形"△"、"一"、凸形、山形、十字纹、三叉戟纹、龟纹、蛇纹、龙纹、鸟纹、虎纹等象征男性生殖器，代表阳；用倒三角形"▽"、"--"、凹形、圆形、鱼纹、蛙纹、贝壳、葫芦、石榴、莲、梅、竹、兰等象征女性生殖器，代表阴；以两种符号的结合象征男根与女阴的交媾，体现阴阳合德，是世界各地先民的普遍现象，而对太阳的崇拜更是世界性的普遍现象。多子多福是中国古人的普遍感受。葫芦、石榴、莲等植物多籽，古人借其象征多子多福，所以，在中国民间传统建筑中，运用得最多，如各类祭祀建筑、民居中都普遍采用。一方面，葫芦形如女性子宫，且与"昆仑"有对音关系，"昆仑山象征着女性和母体，具有创生的能力"[1]；另一方面，葫芦连同它的枝茎一起谐音为"子孙万代"，表意家族人丁兴旺、"福禄寿"齐全。

图3-6-22 黑砠岭村民居建筑墀头正面
八字双凤鸟灰塑
（图片来源：作者自摄）

图3-6-23 黑砠岭村民居建筑上凤凰
宝瓶脊刹
（图片来源：作者自摄）

图3-6-24 黑砠岭村民居建筑山墙上
的太阳、葫芦图案
（图片来源：作者自摄）

图3-6-25 新田县枧头镇黑砠岭村中
的隔扇窗
（图片来源：作者自摄）

目前很多学者都认为楚之先民以凤鸟为图腾，因为古楚人认为凤是其始祖火神"祝融"的化身。祝融专司观象授时，历居火正，是为民带来光明温暖与幸福之人。《周礼》云："颛顼氏有子曰黎，为祝融，祀以为灶神。"

---

[1] 吴庆洲. 建筑哲理、意匠与文化 [M]. 北京：中国建筑工业出版社，2005: 36-60.

《国语·郑语》云："夫黎为高辛氏火正，以淳耀敦大，天明地德，光照四海，故命之曰'祝融'，……祝融亦能昭显天地之光明，以生柔嘉材者也。"又有《尔雅·释天》云："祝融者，其精为鸟，离为鸾"，"日御谓之羲和"。明朝全国道教建筑兴盛，万历年间在南岳七十二峰最高峰祝融峰顶建有祝融祠。

古人认为，太阳是由太阳神鸟"三足乌"负载而行的，"三足乌"又称"踆乌、金乌"等，其形状像乌鸦，有三只脚，栖息在太阳里。屈原《天问》中有"羿焉彃日？乌焉解羽？"之句，《淮南子》曰："日中有踆乌"。注云："犹蹲也，谓三足乌"。西汉谶纬之书《春秋元命苞》也说："日中有三足乌"。凤是鸟中之王，太阳神是最高的天神。楚人先祖敬日拜火，自己又从事观象授时，造福人类，所以楚人对日中之乌——火鸟（凤），也特别尊崇。而"日中有乌"，成为火鸟、太阳鸟，凤是祝融的化身，所以，凤既是祝融的精灵，也是火与日的象征，代表了当时最高的神学境界。1972 年长沙马王堆 1 号西汉墓出土的大型张挂帛画最上右方的大红日中绘有金乌，即日中之乌——火鸟（太阳鸟）（图 1-2-8）。楚人"由对凤的崇拜，延伸到对其他丽鸟的普遍赞美和偏爱，则是楚民在潜移默化过程中初步形成的一种非自觉的集体意识"[1]。屈原《离骚》中对凤凰鸟多有赞歌。在出土的史前马家浜文化、河姆渡文化、良渚文化遗址文物和大量的古楚国文物中，都有大量的凤鸟图案。

龙家大院内建筑墀头正面的凤鸟灰塑，山墙上太阳、葫芦图案和凤凰宝瓶脊刹等，正是承传了古代楚人的崇凤（鸟）敬日和生殖崇拜文化。葫芦是道家的法器，是道家崇拜的神圣之物，"道家思想文化诞生的土壤就是巫风盛行的楚国"[2]，整个湖湘大地的山水环境都为道家思想的生长和发展提供了良好的土壤，故葫芦也是楚人的崇拜之物。据《龙氏宗谱》记载，龙家大院的村民都是东汉刘秀王朝零陵太守龙伯高的后裔。龙伯高去世后葬于零陵，其墓葬在今永州市零陵区的司马塘。龙伯高的守墓人——龙家大院的始祖龙自修约在宋神宗元丰年间从零陵迁到今黑砠岭村生活。清道光年间，龙云沧以勤奋起家，逐步建成了现有的规模。汉高祖刘邦是楚人，他的子孙承传崇凤（鸟）敬日的文化传统不足为奇。

另外，龙家大院布局严谨，入口处的月塘与村后两层环形护院墙构成了一个近似太极的图案，其整体布局也是依地形对宇宙图式的一种表达，体现了生殖崇拜。村落形态整体上与客家圆形土楼或围龙屋形状相似。吴庆洲先生研究客家民居时指出，府第式客家民居和围龙屋一样，前面半圆

---

[1] 方吉杰，刘绪义. 湖湘文化讲演录 [M]. 北京：人民出版社，2008：20.
[2] 方吉杰，刘绪义. 湖湘文化讲演录 [M]. 北京：人民出版社，2008：171.

形池塘象征阴，后面半圆形的胎土或围龙屋象征阳，两个半圆合为一圆代表天，两个半圆之间的方形象征地，是天圆地方、阴阳合德的宇宙图式[1]。

（二）汝城县金山村

1. 历史与建筑环境

郴州市汝城县土桥镇东北部的金山村传统村落始建于唐代。村落占地793亩，地势平坦，交通便利，四周为沃野良田，远处青山环绕。金山村是以血缘关系为主、聚族而居的传统村落，先后由李、卢、叶三姓迁聚于此，此三姓也是村中的主要姓氏。全村现有近700户，2400多人，分属7个自然村、15个村民小组，规模宏大（图3-6-26）。村落中现有李氏家庙（陇西堂）、卢氏家庙（叙伦堂）、叶氏家庙（敦本堂）等古祠堂6座，保存完整的明清古民居95栋，面积6000多平方米。2011年8月金山传统村落列入湖南省历史文化名村，2016年12月入选第四批中国传统村落名录。

图3-6-26　汝城县金山村鸟瞰图
（图片来源：汝城县住建局）

2. 建筑布局及建造特点

村落中各民居建筑组团以其前面的池塘为中心，祠堂位于组团的前面，祠堂与池塘之间一般都有开阔的"广场"，为前坪，亦称拜坪。池塘称明塘，

[1]　吴庆洲. 建筑哲理、意匠与文化 [M]. 北京：中国建筑工业出版社，2005: 55.

寓心明如水之意，象征着积水聚财。水能聚气，"气聚成水，气动成风"。民居建筑在祠堂两旁及屋后环绕池塘呈扇面展开，并按照"前栋不能高于后栋，最高不能超过祠堂的习俗"建设。祠堂前视线开阔，暗示"门前开阔、鹏程万里"，其朝向代表这个组团的风水，民居建筑朝向一般也与该祠堂相同。祠堂左右民居建筑基本对称布置，但比祠堂稍稍后退一砖长左右。"远远望去，祠堂就像一个龙头带领一群子孙向前迈进，充分体现了古人尊重并继承祖先优良传统和个体发展服从整体和谐的设计思想。"[1]

村中现有池塘8个，有祠堂前广场和组团中心广场7个。组团外围为村落对外的交通大道，以村东（金山大道）入口为起点，别驾第（李氏陇西堂）为终点，按顺时针方向穿行传统村落核心部分。组团内巷道主要通过祠堂前广场与对外大道相连。整体布局，中心突出，规划严整，布局严谨；对外的交通大道，组团内的巷道、沟渠构成了村落的基本骨架；祠堂等公共建筑是村落中最重要的公共活动中心和精神中心；井台、朝门、广场是人们日常交往的活动空间。

金山村传统民居以青灰色为主调，色彩清淡而朴素（图3-6-27、图3-6-28）。主体建筑外形均为面阔三开间，青砖"金包银"硬山结构，小青瓦屋面；体量以宽11m、进深8.9m为主；巷道用青石板铺就，排水沟渠用河卵石砌筑，两者在平面布局中的走向基本保持一致。村落中三雕（砖雕、石雕、木雕）雕刻精美，工艺精湛，文化内涵丰富，数量较多（图3-6-29）。尤其是祠堂入口牌楼及内部梁枋装饰，具有明显的时代性与区域性特色。

图3-6-27　金山村叶氏建筑区
（图片来源：作者自摄）

图3-6-28　金山村卢氏建筑区
（图片来源：作者自摄）

3. 村落中祠堂建筑简介

金山古村现有六处古祠堂，包括井头一、二组的"陇西堂"（李氏家庙），上巷、下巷、界下组的"叙伦堂"（卢氏家庙），坎上、坎下组的敦本堂（叶

[1]　陈建平.湖南汝城现存710余座古祠堂亟待保护和开发[EB/OL].2012-8-8.中国新闻网：http://roll.sohu.com/20120808/n350168272.shtml.

氏家庙），象形湾组的叶氏"达德堂"（砖屋），上叶家一、二组的叶氏"咸正堂"，田心一、二组的"别驾第"（田心李氏陇西堂）。保存基本完好，而且祠堂维修均有确切纪年碑记。其中，叶氏家庙（敦本堂）、卢氏家庙（叙伦堂）于2013年被列入国家重点文物保护单位。

（1）陇西堂（李氏家庙）

陇西堂始建于明万历四十七年（1619年），坐南朝北，南北长20.7m，东西宽10.33m。主体建筑面阔三间，纵深三进二天井，砖木结构，主体结构采用抬梁式木构架。前厅正中一间为单檐歇山式，脊中央用小青瓦叠飞鸟装饰（现改为葫芦宝顶装饰），檐口高出两侧约30cm，两端为五山式封火山墙。门楼翼角和山墙端部均用

图3-6-29 金山村民居外墙护角石刻
（图片来源：作者自摄）

陶质凤鸟装饰。前厅两侧巷道前方大小相同的拱形门洞上方分别有白底墨书："笃庆"、"昆裕"。

前厅鸿门月梁三层镂雕双龙戏珠，其下两端亦用镂空飞挂装饰，其上额枋正面正中用蓝底金字书写有"李氏家庙"四字，顶棚彩绘历史故事。大门上方的门簪四周镂雕龙凤，正面阳刻太极八卦图案。大门前立一对石鼓，石鼓顶部各雕一个小狮子头，大门及两边的侧门门板上均彩绘门神，门前露台青石铺就。后厅设神龛，有装饰性隔扇五对，上悬"奉天敕命"和"陇西堂"匾。李氏陇西堂是市级文物保护单位（图3-6-30～图3-6-33）。

（2）叙伦堂（卢氏家庙）

叙伦堂始建于明万历三十三年（1605年），坐西南朝东北，长30.4m，宽9.2m。主体建筑面阔三间，纵深三进二天井，砖木结构，主体结构为抬梁式木构架。正中门楼一间，凸出于前厅，单檐歇山顶，正脊陶土塑回纹"品字"装饰，脊中置火焰摩尼珠，火焰摩尼珠两侧分别为相望的母、子狮，脊断置鱼龙吻"鸱吻"。檐下施如意斗栱出挑五层，斗栱下的额枋上立"八仙"塑像，堆雕龙凤、双龙戏珠等多种彩绘图像，栩栩如生（图3-6-34）。

和陇西堂一样，鸿门月梁三层镂雕双龙戏珠，其下两端用镂空飞挂装饰；大门门簪四周镂雕龙凤，正面阳刻太极八卦图案。额枋正中蓝底金字书写着"南楚名家"，因唐昭宗李晔皇帝所赐卢氏先人的诗中有"楚国之

南皆名家"而得名。

　　叙伦堂前厅两端亦为五山式封火山墙，与陇西堂不同的是，叙伦堂封火山墙迎面第一层端部用鱼龙吻装饰，其他各层的端部和门楼翼角均立陶质凤鸟装饰。后厅神龛亦用五对隔扇装饰，上悬"叙伦堂"匾（图3-6-35）。前厅两侧巷道的前方大小相同的拱形门洞上方分别有白底墨书："礼门"、"义路"，也与陇西堂不同。

图3-6-30　金山村井头组李氏陇西堂
入口
（图片来源：作者自摄）

图3-6-31　金山村井头组李氏陇西堂
中厅
（图片来源：作者自摄）

图3-6-32 金山村田心组李氏陇西堂
（"别驾第"）入口
（图片来源：作者自摄）

图3-6-33　金山村田心组李氏陇西堂
（"别驾第"）主殿
（图片来源：作者自摄）

图3-6-34　金山村卢氏家庙（叙伦堂）
入口
（图片来源：作者自摄）

图3-6-35　金山村卢氏家庙（叙伦堂）
中厅
（图片来源：作者自摄）

（3）敦本堂（叶氏家庙）

敦本堂始建于明弘治元年（1488年），清乾隆乙卯年（1759年）第一次维修，清道光元年（1821年）、民国16年（1927年）均进行了修缮。

敦本堂由朝门及家庙组成，均为砖木结构。朝门与家庙不在同一轴线上，朝门坐西南朝东北，总进深9.2m，总面宽7.6m，是汝城有名的"三条半"朝门之一，由清道光年间岭南著名的堪舆大师肖三四亲自堪形而定（图3-6-36）。朝门两侧为八字照壁，前为敞坪和池塘，大格局与李氏家庙和卢氏家庙相似。家庙坐西朝东，主体建筑面阔三间，纵深二进一天井，南北长23.9m，东西宽6.86m。前进为门屋，设三山式封火山墙，山墙端部起翘简单。青砖、青瓦、青石地板，雕梁画栋，工整细致，古色古韵（图3-6-37、图3-6-38）。叶氏家庙没有卢氏家庙那种复杂的如意斗栱结构，但其鸿门月梁同样是三层镂雕双龙戏珠，云水纹环绕，层层相扣，双龙雕刻生动，形象逼真，线条粗犷有力。大门上方的门簪四周亦镂雕龙凤，正面阳刻太极八卦图案。

融宗族文化、礼仪文化、民俗文化、建筑文化等于一体的金山村古祠

147

图3-6-36　金山村叶氏家庙右侧
八字朝门
（图片来源：作者自摄）

图3-6-37　金山村叶氏家庙（敦本堂）
入口
（图片来源：作者自摄）

图3-6-38　金山村叶氏家庙（敦本堂）檐枋
（图片来源：作者自摄）

堂是汝城县祠堂群的组成部分，是地域民俗文化的结晶，是见证汝城历史与变迁的"活化石"。祠堂建筑造型特色明显，雕梁画栋，古色古韵，其花鸟虫鱼、梅兰竹菊、瑞兽、吉祥纹饰等彩绘图案精美；泥塑、木雕、石雕工艺考究；浮雕、透雕、彩绘等艺术精湛，栩栩如生；饰联工整，内涵丰富，是研究明清时期湘南民居建筑文化、装饰艺术特色与水平的重要实物资料，具有较高的历史、艺术和科学价值。

另外，郴州市桂东县沙田镇龙头村的空间结构形态具有明显的客家围屋特色。整座建筑约2000m²，共有大小房间120多间，小青瓦顶。主体建筑方形布局，坐北朝南，前后三排，中间有13个天井，砖木结构，高二层。南侧环以土砖杂房，环形幅度较大，高一层，用卵石墙基。围屋内自主房到杂房分别为敞坪、菜地和池塘（图3-6-39）。据村民郭名先老先生（退休干部）介绍：老屋大概是清朝咸丰年间，由郭韶埔始建；郭韶埔做生意赚了钱，又有八个儿子，所以要建大房子；郭氏祖先是从江西遂川草林攸福搬过来的，建房时对福建龙岩等地的客家围屋形式可能有模仿参考[1]。

图3-6-39　桂东县沙田镇龙头村俯视图
（图片来源：郭兰胜，黄昌盛摄影报道.湖南发现围屋[N].湖南日报，2016-05-25）

[1]　郴州电视台新闻联播："探秘"桂东围屋，2016-05-27.

第七节　"围寨"式

一、总体特点

"围寨"式传统村落是结合村落总体布局的空间结构形态及其防御性特点划分的。湘江流域的南部山区现存有"围寨"式传统村落多处，特点明显。

宋代中叶以后，湘南频繁的民族冲突、农民起义与战乱，以及土匪的经常骚掠，是地区"围寨"式村落形成的主要原因。村落一般利用山峦、河流、池塘、围墙，以及村中的寨堡、炮楼、瞭望台和门楼等作为防护设施，构成一道道防线。有同姓同宗聚居的围寨式村落，如从防御性角度划分，新田县的黑砠岭村、东安县的六仕町村、江华县的宝镜村、道县清塘镇小坪村等属于单一宗族的围寨式村落；也有多个宗族聚住的围寨式村落，如江永县兰溪瑶族乡兰溪村、道县祥霖铺镇田广洞村等。

二、实例

（一）江永县兰溪村

1. 历史与建筑环境

永州市江永县兰溪瑶族乡兰溪村包括黄家村（下村）和上村两个行政村，历来有蒋、欧阳、周、杨、何、黄6姓。为多姓传统聚落。唐元和年间（806～820年），蒋姓人最先从大迮村移到上村定居。宋治平四年（1067年）欧阳姓人又到此定居。元代先后进入兰溪的瑶人有周、杨、何、黄等姓。兰溪村现有瑶户500余户，1800余人，上村主要有蒋、欧阳、周等姓，下村主要有黄、何、杨、欧阳等姓。

兰溪境内的瑶族是江永"四大民瑶"（勾蓝瑶、扶灵瑶、清溪瑶、古调瑶）之一的勾蓝瑶。兰溪勾蓝瑶古瑶寨聚居区，因是瑶族的都城，又名都元。古瑶寨背倚萌渚岭为屏障，整个村落地形呈龟形，占地约6km²。四周群山环绕，车尾山、人平山、呼雷山、望月山等首尾呼应，错落有致，层次分明（图3-7-1、图3-7-2）。地势北高南低，水系由北向南经广西恭城进入西江。

古代兰溪村是通往粤桂的必经之地。从江永出发，往西南经千年古村上甘棠至广西或广东。村内四条主干道全部由古石板铺成，总长度逾20km，其中有4km是古代江永通向广西富川县的必经之路，为楚粤衢道，经过石墙门两座，至今犹存。

早在清康熙年间，古村即有碑刻八景：蒲鲤生井、山窟藏庵、犀牛望月、天马归槽、石窦泉清、古塔钟远、亭通永富、岩虎平安。每景都赋有一首

图3-7-1　兰溪村地形与传统建筑分布图
（图片来源：永州市文物管理处）

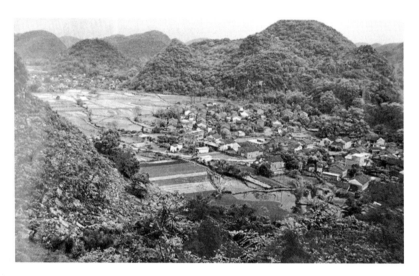

图3-7-2　兰溪村的居住环境
（图片来源：永州市文物管理处）

诗，都有一个美丽动人的传说，很好地概括了兰溪古村的山水美、寺庙多、道路广、人心善等特征[1]。

2. 村落防御体系

兰溪村是典型的"围寨"式传统村落，村落内外共有三层防御工事，第一层为村子周围各个山口处的石城墙，设石砌寨门和砖木结构城楼。明洪武二十九年（1396年）受朝廷招安，瑶族人民把守粤隘，依山势在关隘口设立9个石砌寨门，古称石墙门，把守通往两广的隘口。石墙门两翼

[1]　胡功田，张官妹. 永州古村落[M]. 北京：中国文史出版社，2006：106.

筑有石墙，高二丈，宽丈余。石城墙一般高丈余，宽5尺，与陡山相连，至明嘉靖年间全部完成，全长2000余米。现存5座石墙门和村东（村后）的石城墙850m。第二层防御工事为建在村口的守夜楼，明清时期的守夜楼、门楼尚存14座，均保存完好。第三层防御工事为宗族门楼，门楼上有瞭望台、烽火台和警钟。兰溪村现保存有明清时期门楼14座，其中下村的杨姓门楼建于明万历二年（1574年）（图3-7-3）。

（a）　　　　　　　　　　（b）　　　　　　　　　　（c）

图3-7-3　兰溪村下村中的门楼

（a）门楼形式一（杨姓）；（b）门楼形式二（何姓）；（c）门楼形式三

（图片来源：作者自摄）

3. 建筑布局及建造特点

兰溪村历史悠久，现存古建筑数量众多，内容丰富。在方圆约6km²的范围内分布有12座风雨桥；元、明、清时期的庙宇（遗址）47座、8座庵堂、5座寺院、3座古楼阁、2座道观、1座顶天宫、50余座古桥、100余方古碑刻。其中始建于后汉乾祐四年（948年）、后来又陆续重建、规模宏大且独具特色的盘王庙，占地面积960m²。庙内有近10方重修碑铭尚存。

兰溪村现存明代古民居22座，1410m²；清代民居51座，3100m²。明清时期的守夜楼和门楼14座、凉亭14座（多建于溪水之上）（图3-7-4、图3-7-5）、戏台5座、祠堂建筑7座，以及众多的古井等。

民居建筑以巷道地段划分聚居单位；纵深布局，中轴对称（图3-7-6）；清水砖墙冠以白色腰带，强调山墙墀头装饰；檐饰彩绘；门簪多为乾坤造型和龙凤浮雕；室内雕刻的花鸟虫鱼、福禄寿喜等图案精美。建筑风格融合了汉、瑶、壮等多个民族的风格，集中反映了兰溪勾蓝瑶的建筑工艺和技巧，是研究兰溪勾蓝瑶古建筑和习俗的第一手资料（图3-7-7～图3-7-9）。

2005年6月，兰溪瑶族乡兰溪瑶寨古建筑群整体成为江永县级文物保护单位。2011 年 3 月，兰溪瑶族乡兰溪瑶寨古建筑群整体被列为湖南省第九批省级文物保护单位。2014 年 11 月入选第三批中国传统村落名录。

图3-7-4　兰溪村的石鼓登亭
（图片来源：永州市文物管理处）

图3-7-5　兰溪村溪水上的凉亭
（图片来源：作者自摄）

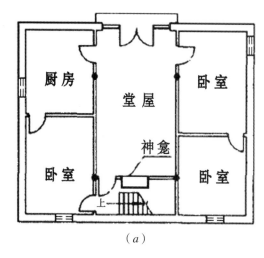

（a）

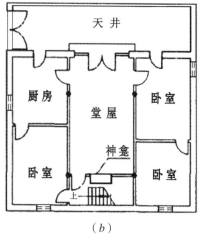

（b）

图3-7-6　兰溪村民居平面形式

（a）平面形式一；（b）平面形式二

（图片来源：李泓沁.江永兰溪勾蓝瑶族古寨民居与聚落形态研究 [D].

长沙：湖南大学，2005）

（a）

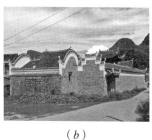

（b）

（c）

图3-7-7　兰溪村民居外观

（a）独栋天井式；（b）独栋院落式；（c）联排院落式

（图片来源：作者自摄）

图3-7-8　兰溪村民居梁架　　　　　图3-7-9　兰溪村永兴祠梁架
（图片来源：作者自摄）　　　　　　（图片来源：作者自摄）

（二）江华县宝镜村

1.历史与建筑环境

永州市江华瑶族自治县大圩镇宝镜村在清顺治年间属永州府江华县，名"竹园村"。《江华地名录》记载，宝镜因其"村前有一井塘，水清如镜，可食饮，又可灌田，故名宝镜"。全村人口近1000人，全部都是何姓后裔。现在宝镜成为当地人对何家大院的代称。

《何氏族谱》记载，清顺治七年（1650年），何氏第四世应棋公由道州营乐乡车坝楼田高家坊自然村溯沱水经冯河逆岭东河崇江而上，来到岭东中段的竹园村，娶妻生子，逐渐兴旺发达。

宝镜村坐东朝西，背依后龙山（笔架山），傍村有一股终年不断流、清澈见底的山泉溪水蜿蜒而过。村前为开阔田垌，村后群峰环抱，树木茂密，经年堆翠滴绿（图3-7-10、图3-7-11）。村外稻田中央耸立着一座青砖结构五级六方的惜字塔。

宝镜村古建筑群古朴典雅，结构严谨，规模庞大，气势恢宏，占地80余亩，房屋180栋，门楼7个，巷道36条，其中，保存较好的明清时期房屋超过100栋。总建筑面积约20000m²。从南往北有走马吊楼、新屋、老堂屋、下新屋、上新屋、大新屋、明远楼、围姊地、何氏宗祠、忠烈祠等十个相对独立的建筑单元或院落。整个村落基本保存着原来的历史风貌，80%的建筑保持完好，其余的因为无人居住、时间久远、风雨剥蚀等已经破损，甚至出现了严重的墙体坍塌和檐断瓦溜的现象。

古村落地处潇贺古道的必经地、瑶汉文化的交汇点，周围环境优美。清代进士刘其璋的《宝镜何氏宅院写景》："绿柳荫浓宝镜藏，笔峯献瑞绕高房。平田作案仓箱足，要路环门束带长。桂馥兰馨盈砌秀，家泫户诵满庭芳。沱江迤逦虹桥锁，地脉钟灵万代昌。"《拟宝镜八景近体凡八章》：松林淡月、槐社夕阳、虹桥锁翠、螺蚰浮岚、响泉遗韵、曲水回澜、珠塘漾碧、宝塔醮青。以上两处生动地描绘了宝镜村的自然山水和人文景观特色。

图3-7-10　宝镜村主入口及走马吊楼（长工楼）
（图片来源：作者自摄）

图3-7-11　宝镜村村前环境
（图片来源：江华县住建局）

2. 村落防御体系

宝镜村的防御体系及空间特色营造，体现了围寨式传统村落的基本特点。其防御体系可分为三层，第一层为村四周的建筑及围墙，通过砖木结构的二层门楼出入。在进村的主入口处依地形还设有第二道围墙及砖木结构的门楼（图3-7-12）。村中现有保存完整的门楼7个。第二层为村中的瞭望台和炮楼。宝镜村建有三处高高的瞭望台，上布满了内窄外宽的射击孔。现保存完整的位于村东笔架山下的"明远楼"，为宝镜最高点，正方形，长、宽均为4.5m，通高10m，共三层。青砖基础，土砖结构，正面开四窗，上书"明远楼"。明远楼是何氏家族读书人读书明志的地方，也是一座瞭望台和炮楼。它四面共27个内窄外宽的枪眼与村中另两座瞭望台相互呼应，可用枪炮射杀远距离来犯之敌。第三层为村中纵横交错的巷道及巷道门，以及具有防范意识的内院、外院建筑空间（图3-7-13）。村中的新屋、老堂屋、下新屋、上新屋、大新屋和围姊地均由主院及附院组成。主院是主要的起居活动区，是男人们的世界；从属于主院的院中院——附院，主要是妇女和儿童的活动空间。大量的外院则住仆役、长工，他们往往起到看家护院的特殊作用。

图3-7-12　宝镜村主入口处下新屋
与第二道门楼
（图片来源：作者自摄）

图3-7-13　宝镜村内的巷道
（图片来源：作者自摄）

位于古建筑群的前外围，起看家护院作用的走马吊楼（又叫长工楼），为二层砖木结构建筑，下层是畜栏马厩，上层是长工住房。总长55m，宽6.3m，建筑面积750m²，连10间，共32间房，是湖南目前发现的最大的杂屋类建筑。其使用功能和建筑形式都融入了瑶族干栏式/吊脚楼式建筑特色。

3. 建筑布局及建造特点

据《何氏族谱》记载，清时宝镜何氏家族共出才子42名，其中进士10人，贡生4人，大学生6人。42名才子中有职员13名：文官11人，武官2人。因为在外做官，其民居建筑较多地吸取了汉族民居尤其是江南民居的风格特点。主体建筑始建于清顺治年间，少量建筑续建于民国年间。村中每一栋大体量建筑都由主院、附院、侧院、前坪、花园组成，以纵列多进式天井（院落）为中心组成住宅单元，纵深布局，中轴对称，高墙深院，对外封闭，且各具特色（图3-7-14、图3-7-15）。

村中所有古建筑均为清水砖墙，小青瓦屋面；主要为"金字硬山搁檩造"和穿斗式梁架结构，少数采用三山式封火山墙或马头垛子；采用大量规整的石材墙基、柱础、天井或铺墁地面。雕梁画栋，灰塑、木雕、石雕、彩绘等工艺精湛，内容宽泛，栩栩如生（图3-7-16）。主入口大门上方的门簪正面多为阳刻的太极八卦图案，而其他房屋的大门门簪正面多阳刻八卦中的乾、坤符号（图3-7-17）。

这里以新屋为例，介绍宝镜村的建造特点。

新屋建于清道光二十二年（1842年），是宝镜村最大、最有代表性，同时也是保存最为完好、功能最为齐全、最能反映封建地主庄园经济生活的建筑。占地总长64.8m，宽46.6m，由主院和左、右各两个附院、前坪、

图3-7-14　宝镜村大新屋入口
（图片来源：作者自摄）

图3-7-15　宝镜村围姝地入口
（图片来源：作者自摄）

（a）

（b）

图3-7-16　宝镜村内雀替雕刻组图
（a）左侧檐枋；（b）右侧檐枋
（图片来源：作者自摄）

图3-7-17　宝镜村内多样的门簪
（图片来源：作者自摄）

后院等组成。主体建筑坐南朝北，总长 58.5m，宽 46.6m，总面积 2727m^2，共 12 个天井，80 间厢房。主院由门厅、中堂、二进中堂、倒堂四部分构成，后堂高于前堂，每堂中均有天井，号称"三进大堂屋"，当地人俗称其为"三堂九井十八厅，走马吊楼日晒西"（图 3-7-18～图 3-7-20）。

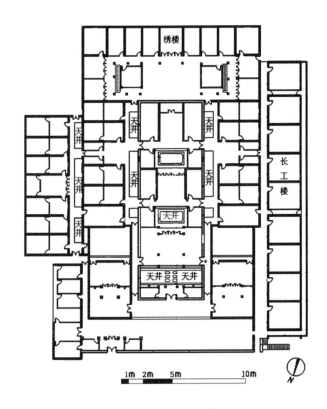

图3-7-18 宝镜村新屋平面图
（图片来源：永州市文物管理处）

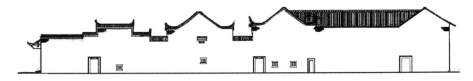

图3-7-19 宝镜村新屋侧立面图
（图片来源：永州市文物管理处）

主院前栋为向内单坡屋顶，门外为高大的一字式照墙。但是前栋对外大门偏在主轴的右侧，为三间式小门屋。门屋明间设木屏门，两侧原为打更室和传达室。门屋用出挑深远、造型优美的三坡阁楼式飞檐门罩，翼角均立陶质飞龙装饰。门罩两侧挑木下用雕凿精细的鳌鱼形雀替，结构性、装饰性俱佳（图 3-7-21）。门屋右侧内坪用大石板墁地，平顺而规整。后面四栋均为双坡屋面，第二栋为三山式封火山墙，最后三栋为金字硬山，檐下饰以白色腰带。每栋外墙均为麻石墙基的清水砖墙。

中轴主院为三进院，每进均为三间两厢式，穿斗式梁架，穿枋外侧多雕刻吉祥动植物图案装饰。天井砌筑考究，用料大气，天井池中置放银锭型的汀石踏跺，造型奇特而实用。天井四周木格扇门窗雕刻以花卉、草木、福、禄、寿、喜、民间故事为主（图3-7-22、图3-7-23）。

图3-7-20　宝镜村新屋内正堂屋空间
（图片来源：作者自摄）

图3-7-21　宝镜村新屋入口门罩
（图片来源：作者自摄）

图3-7-22　新屋内天井空间及格扇
（图片来源：作者自摄）

图3-7-23　新屋内的格扇窗
（图片来源：作者自摄）

南侧续接后院绣楼，多为女眷及孩子使用，瑶族俗称为女间，吊脚楼形式，院屋联七间，二层，共20间厢房，靠主院一侧设木楼梯上下，上带木质走马廊，明间装五抹头六格扇门，装修精美（图3-7-24）。

宝镜村古村落是汉、瑶民族智慧的结晶。村口二层的走马吊楼、村中吊脚楼风格的民居、主院后的女间、外院建筑中通长的吊脚柱外廊等，都体现出明显的瑶族建筑特色。瑶、汉民族建筑艺术取长补短，在这里得到完美结合（图3-7-25～图3-7-27）。

宝镜村为省级历史文化名村，2011年，湖南省人民政府公布为省级文

图3-7-24　新屋后院的女间
（图片来源：作者自摄）

图3-7-25　大新屋的窗户
（图片来源：作者自摄）

图3-7-26　宝镜村墙头凤鸟
灰塑
（图片来源：作者自摄）

图3-7-27　宝镜村柱础组图
（图片来源：作者自摄）

物保护单位。2016 年 12 月入选第四批中国传统村落名录。

第八节　形成机理的宏观分析

　　地域传统乡村聚落形成与发展的因子是多方面的，如封闭的自给自足的自然经济、地形环境、生产生活方式、社会矛盾与斗争、传统的礼制思想、宗法制度、阴阳理论、风水观念、聚居伦理文化、趋利避害的心理需求等等。人们对其研究侧重于不同的方面。本章对湘江流域传统村落及大屋民居的空间结构形态进行分类研究，突出了地域乡村聚落景观的空间结构类型特点和地区特色。

　　湘江流域，尤其是南部地区多样的传统村落及大屋民居空间结构形态，是在特定的自然地理环境和社会政治经济、人文环境下产生和发展的，是地区社会政治、经济发展的结果，是地区建筑文化审美的自然、社会和人文适应性特征的综合表现。

湘江流域是古代荆楚文化与百越文化的过渡区，是历史上四次大规模"移民入湘"的主要迁入地。历史文化景观自古受楚、粤文化和中原文化等多种文化影响，尤其是受历史上多次移民的直接影响。历史上，各民族在长期交往中，相互借鉴，相互吸收，因此传统民居建筑风格多有融合。如"半月形"池塘，过去较多发现于文庙建筑和客家民居建筑前，湘南山区非客家的传统村落也有较多出现，而且有的村落以村前的池塘或祠堂为中心，"曲扇"式向四周展开。究其原因，笔者认为，它与中国传统的宇宙观念和图腾崇拜等文化积淀有关，也应是清朝初期客家人"第四次大迁徙"[1]进入湘南带来的客家文化影响，是文化传播与融合的结果。

湘江流域，尤其是南部地区，传统民居建筑布局既遵守"规则"，体现中国传统"礼乐"文化和"宗法"文化特点，又适应了地区的气候、地形地貌等自然环境条件。建筑布局不拘泥于"坐北朝南"。如："坐南朝北"布局的永州市零陵区干岩头村周家大院、新田县黑砠岭村龙家大院、江华瑶族自治县大圩镇宝镜村等；"坐东朝西"布局的江永县夏层铺镇上甘棠村、宁远县水桥镇平田村、江华县大圩镇宝镜村和道县龙村等；"坐西朝东"布局的宁远县湾井镇路亭村、宁远县九嶷山黄家大院、新田县三井乡谈文溪村、东安县横塘村周家大院、双牌县板桥村吴家大院、汝城县上水东村"十八栋"等。

过去，湘南地区的自然条件优越，山林葱郁，水系发达，生活资料易得，人民"火耕水耨"，樵渔耕植，无所不宜，文化发育较早。考古发现[2]，今永州地区有距今约2万年的人类活动遗迹——零陵石棚；有距今1.4万～1.8万多年的人类生息遗址——道县玉蟾岩遗址，遗址中发现的古稻谷刷新了人类最早栽培水稻的历史纪录，而陶器碎片的年代距今约1.4万～2.1万年——比世界其他任何地方发现的陶片都要早几千年；有属全国首次发现且建设时代最早的宁远县玉琯岩舜帝陵庙遗址，相传公元前2200多年前舜帝曾在此"宣德重教"。可是，湘江流域南部地区山重水复，历史上虽水路发达，但陆路相对不便，与外界的交流较少，文明发展较慢，属于相对独立的小"文化龛"，因此地区历史文化景观保存较好。加之该地区少数民族较多，故地区历史文化景观类型多样，传统乡村聚落特色明显。正如学者童恩正先生在比较"中国北方与南方文明发展轨迹"时指出的：南方与北方自然条件较差的情况不同，相对黄河平原而言，南方的每一文化

[1] 尤慎. 从零陵先民看零陵文化的演变和分期 [J]. 零陵师范高等专科学校学报，1999，20（04）：80-84.

[2] 欧春涛，赵荣学. 考古发现——重建永州的文明和尊严 [N]. 永州日报，2010年8月17日，A版.

龛的范围都不是很大，"这里山峦阻隔，河川纵横，森林密布，沼泽连绵。人们只能在河谷或湖泊周围的平原上发展自己的文化。自然的障碍将古代的文化分割在一个一个文化龛中，……文化龛之间虽然互相存在影响，但交往却不如北方平原地区那么方便密切。长江流域新石器时代文化之所以种类甚多，类型复杂，其原因即在于此。"[1]

宋代中叶以后，湘南频繁的民族冲突、农民起义与战乱，以及土匪的经常骚掠，是地区"围寨"式村落形成的主要原因。

[1]　童恩正.中国北方与南方古代文明发展轨迹之异同 [J].中国社会科学，1994（05）：164-181.

第四章 湘江流域传统民居建筑技艺

　　湘江的流域面积将近湖南省总面积之半，属于典型的亚热带季风湿润气候，除南部山区外，地形地貌大都为起伏不平的丘陵山地。多样的气候条件、地理环境，对湘江流域形成山丘平原不同区域建筑的诸多类型产生了深刻的影响。其传统建筑较为高大，讲求南向，并利用穿堂风和深远出檐遮阳等降温措施。但山区温差较小，建筑因山就势，则朝向、通风等要求不十分严格。典型的丘陵地带，多山，木、石等建筑材料丰富，加之传统的烧砖技术较高，所以传统民居中多以砖、木、石为主要的建筑材料。在结合当地传统的建造技术、构造方式以及地区的气候条件、历史传统、生活习俗和审美观念的建造中体现了较高的建筑技艺，地区特点明显。本章主要从建筑结构、建筑构造与建筑装饰等方面介绍湘江流域传统民居建筑技术和艺术的总体特点。

第一节 民居建筑立体结构

　　湘江流域地区一般民居多用砖木结构，大屋民居多用穿斗式和抬梁式木结构。适应地区夏季潮湿闷热，而且延续时间较长的气候特点，传统民居建筑一般高大，空间布局灵活，通透性强，采光通风良好。

一、砖木结构

图4-1-1　零陵柳子街上穿斗式木板房
（图片来源：作者自摄）

　　湘江流域除深山里瑶族民居外，完全用木的墙体很少，也很少有完全用石砌的墙体。柱子和墙体全用木材的民居称作木板房（图 4-1-1）。有的大屋民居主轴线上厅堂两侧的厢房全用木板墙体，如双牌县板桥村吴家大院拔萃轩、零陵区干岩头村周家大院的"四大家院"、祁阳县蔗塘村李家大院、常宁市下冲村新屋袁氏公厅的主轴线上的厢房木板墙体至今保存完好（图4-1-2）。

过去，贫困居民的住房一般为土砖茅草屋，南部山区民居，如瑶民住房因陋就简，多为杉木皮盖的木板房。砖木结构民居做法之一是内外墙基用当地生产的条石，上部用（土）砖，木楼板，小青瓦屋顶，一般单栋民居多采用此种结构（图4-1-3～图4-1-7）。做法之二是房屋外墙用（土）

图4-1-2　祁阳县蔗塘村李家大院轴线
上厅堂
（图片来源：祁阳县住建局）

图4-1-3　长沙县白沙镇双冲村民居
（图片来源：长沙县住建局）

图4-1-4　浏阳市新安村民居
（图片来源：作者自摄）

图4-1-5　浏阳永和石江村李宅
（图片来源：作者自摄）

图4-1-6　毛泽东故居附近某宅
（图片来源：作者自摄）

图4-1-7　宜章县千家岸村民居
（图片来源：作者自摄）

砖承重，内部用柱或墙承重，土砖或木板分隔空间，木楼板，小青瓦屋顶，合院式民居和大屋民居中多采用这种做法（图4-1-8～图4-1-15）。做法之三是在山区坡地、沿河地段水上或近水部分建吊脚楼。湘南瑶族吊脚楼式／干栏式民居见第二章第二节。

图4-1-8　浏阳市锦绶堂涂家大屋
纵轴线上厅堂与横向过厅
（图片来源：作者自摄）

图4-1-9　浏阳市桃树湾刘家大屋
纵轴线上厅堂
（图片来源：谭鑫烨摄）

图4-1-10　沈家大屋筠竹堂后
天井与堂屋
（图片来源：作者自摄）

图4-1-11　汝城县洪流村黄氏家庙
主轴线上厅堂空间
（图片来源：作者自摄）

图4-1-12　汝城县卢阳镇津江村中丞公
祠纵轴线上厅堂
（图片来源：作者自摄）

图4-1-13　新田县枧头镇彭梓城村民
居堂屋前天井及厢房
（图片来源：作者自摄）

图4-1-14　宜章县黄沙镇千家岸村
贡元公祠纵轴线上厅堂
（图片来源：作者自摄）

图4-1-15　宜章县黄沙镇沙坪村
李氏宗祠后堂
（图片来源：作者自摄）

　　穿斗式和抬梁式木梁架是中国传统建筑的两种主要结构形式，前者用料小，柱密，建筑空间小；后者用料大，柱子间距大，建筑空间也相对较大。湘江流域现存传统民居完全用穿斗式或抬梁式结构的很少。大屋民居及祠堂中的厅堂、过厅、过亭等空间多为抬梁式木构架，而其他房间多为砖木结构或穿斗式木构架（图 4-1-16 ～图 4-1-22）。

图4-1-16　祁阳县龙溪村李家大屋
祠堂第二进梁架
（图片来源：作者自摄）

图4-1-17　祁阳县龙溪村李家大屋
祠堂后堂梁架
（图片来源：作者自摄）

图4-1-18　浏阳市大围山镇东门村
涂氏祠堂内梁架
（图片来源：作者自摄）

图4-1-19　浏阳市沈家大屋永庆堂
的过亭与前厅
（图片来源：作者自摄）

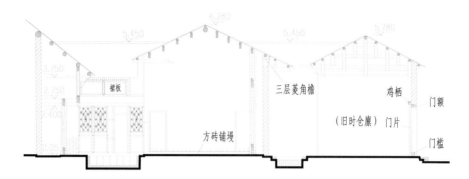

图4-1-20　张谷英大屋西头岸南一进横堂横剖
（图片来源：岳阳市文物管理处"四有"办公室）

图4-1-21　张谷英大屋当大门中轴纵剖面
（图片来源：岳阳市文物管理处"四有"办公室）

图4-1-22　张谷英大屋当大门正房、厢房横剖面
（图片来源：岳阳市文物管理处"四有"办公室）

二、屋檐出挑方式

湘江流域雨量丰沛，夏季潮湿闷热，且夏热期长，传统民居建筑一般高大，出檐较多。主体建筑主要有房前立柱出檐、外伸梁枋出檐、柱头斗栱出檐、柱头斜撑出檐四种方式（图4-1-23～图4-1-26）。

民居建筑墙外只置一根檩条时，多是利用墙内预埋的木料或者直接伸出的梁枋支撑，少数民居建筑采用斜撑支撑檐外第一根檩条或檐枋（图4-1-27）。

需要说明的是，湖南民居屋檐的"七字"式出挑方式反映了中南地区民居建筑的一个特点。屋檐下不设柱子时，在开间的墙内预埋木料（圆木或木板）作为檐枋，但上下枋升出的长度不等，上枋约为下枋的两倍，下枋端部立短柱支撑檐外第一根檩条，上枋穿过下枋上的立柱直接承接檐外的第二根檩条，外形看上去像个"七"字，故称"七字"式挑檐。屋架体系的民居可将梁、枋直接伸出，做成"七字"式挑檐。这种出檐方式构造简单，湘江流域民居建筑采用这种做法较多（图 4-1-28、图 4-1-29）。

另外，也有出檐时墙外不置檩条，直接将屋顶椽木伸出外墙做成出檐。此种方式出檐长度最短，多是用在民居的附属建筑上。

图4-1-23　桂阳县正和镇阳山村
民居外廊
（图片来源：作者自摄）

图4-1-24　资兴市夏廊村祠堂
（龙门第）檐枋下斗栱
（图片来源：资兴市住建局）

图4-1-25　资兴市蓼江镇秧田村民居
檐枋下斗栱
（图片来源：资兴市住建局）

图4-1-26　浏阳市丹桂村民居檐枋上
斗栱
（图片来源：浏阳市住建局）

图4-1-27　张谷英村屋檐
斜撑
（图片来源：作者自摄）

图4-1-28　浏阳黄花冲村
彭家大屋"七字"挑檐
（图片来源：作者自摄）

图4-1-29　长沙县杨开
慧故居"七字"挑檐
（图片来源：作者自摄）

第二节　民居建筑构造与材料

一、地面、墙体与柱子

（一）地面与甬道

湘江流域传统民居建筑内多为三合土地面，基本上就是屋基的面层材料。一般民居房屋内的地面以素土地面为多，只在堂屋、卧室等主要房间用三合土。大屋民居有在厅堂内铺墁青砖或条石的，如浏阳市金刚镇清江村桃湾刘家大屋内的主要厅堂均用大块的方形青石墁地，江华瑶族自治县大圩镇宝镜村新屋的门屋右侧内坪用大块石板墁地，平顺而规整。

房屋前或内部庭院的道路一般为条石或青砖甬道，如新田县枧头镇黑砠岭村龙家大院前的青石甬道直通村口，浏阳市沈家大屋槽门前坪铺红条石甬道（长18m、宽2.15m）连接外部道路，其永庆堂前院铺红条石甬道（长10.3m、宽2.5m）连接槽门和前厅，岳阳市张谷英大屋内院铺麻石甬道。

（二）屋基

屋基可以说是古民居建筑底部的板式基础，它高出周围地面成一整体，一般用碎砖石、三合土等夯筑而成。民居建筑，由于楼层不高、荷载不大，上部墙体、柱础直接落在屋基上，在屋基内不再有延伸。湘江流域合院式民居与大屋民居的屋基按建筑主次、等级划分，存在高差，后面厅堂的屋基比前面的槽门屋基要高出3～5级。内庭院也同时抬高，与前面的槽门屋基高差不大。这样既很好地解决了排水和采光问题，突出了主要堂、室的位置，又满足了人的心理需求——人从外入内，"步步高升"。早期建造的大屋民居或聚住村落有规制，即前进不能高于后进，最高不能高过祠堂。因地形存在高差和村落发展，村落中后期建造的民居有突破这一规制的。一般民居的屋基高度多在0.5m左右。屋基四周多设排水明沟。

（三）墙基与墙体

明朝，由于全国砖瓦业的迅速发展，砖瓦已普遍应用于重要建筑物，并普及到民居建筑。

由于夏季潮湿天气较长，湘江流域传统民居外墙基多采用当地生产的麻石、红石、青石或青砖砌筑，高度在0.5～1.5m左右，也有用碎砖石或卵石夯筑的。内墙基高度一般齐门槛，材料多为条石或青砖。大屋民居中的内墙基也有高达1.5m以上的。土坯墙和青砖墙的阳角常用1～1.5m左右高的条石竖砌做护角，并多有雕刻。如资兴市的程水镇星塘古村、临武县大冲乡乐岭村和土地乡龙归坪村，郴州市的北湖区陂副村（图4-2-1）、宜章县白沙圩乡皂角村（图4-2-2）、桂阳县洋市镇南衙村、太和镇溪口村

图4-2-1　郴州北湖区陂副村民
居外墙护角石刻组图
（图片来源：作者自摄）

图4-2-2　宜章县皂角
村民居外墙护角石刻
（图片来源：作者自摄）

图4-2-3　桂阳县溪口
村民居外墙护角石刻
（图片来源：作者自摄）

169

（图 4-2-3）等民居建筑外墙石护角都有形式多样的雕刻。

明清时期，湘江流域内砖瓦业发展迅速，技术较高，砖瓦成为民居重要的建筑材料。但一般民居建筑的外墙还是以土坯砖墙为主，也有少数民居采用夯筑和石砌外墙。富裕家庭的建筑外墙较多地使用青水砖墙。大屋民居中，主体建筑多为青水砖墙到栋。湘东北张谷英大屋和湘南上甘棠村的青砖尺寸多为9×6×3（寸）（30cm×20cm×10cm）。内墙多用土坯砖或木板分割空间。产木较多的山区，有的民居建筑墙体全为木质，称为"木心屋"，如湘南永州地区瑶族的木板房。

湘江流域传统民居和祠堂多在硬山的墀头、封火山墙的墙头以及天井边的照墙、窗楣等处，堆塑象征祥和瑞气、招财纳福、驱邪避恶的人或动植物，或者彩绘山水、人物、故事，并配以书法诗词，以达到励志警悟、勤勉戒慎的目的。堆塑和彩画的工艺精湛，形象逼真，通常一组堆塑或彩画就是一个主题或一个故事，反映了民间的工艺技术和审美观念（图4-2-4、图 4-2-5）。

（四）柱子与柱础

湘江流域传统民居建筑中的柱子多为木圆柱，山区大屋民居在建筑的前檐和天井四周也有使用麻石柱到顶的。石柱身多为方形，四角钝化或切角，形成一组向上的垂直线条。柱径与柱高之比在 1：9～1：10，向上略有收分，形成很好的视觉效果。石柱顶开槽或凿眼与屋架连接大屋民居柱头梁枋下有用花牙子雀替的，镂雕或圆雕成各种图案，如"松鹤遐龄"、"喜鹊衔梅"、"麒麟献瑞"等等，造型生动（图 4-2-6、图 4-2-7）。

柱子底端的柱础直接落在屋基上，一般分上、中、下三节，高 0.5m 左右，用当地产的石头制作。上面多为鼓形的础顶，中间多为六边形或八边形础

图4-2-4　沈家大屋内照墙上
堆塑的自然山水画
（图片来源：作者自摄）

图4-2-5　汝城县益道村朱氏祠堂前
照墙
（图片来源：作者自摄）

（a）

（b）

图4-2-6　浏阳市锦绶堂涂家大屋内石柱与雀替
（a）右侧雀替；（b）左侧雀替
（图片来源：作者自摄）

图4-2-7　浏阳市桃树湾刘家大屋内的柱头雀替组图
（图片来源：作者自摄）

腰，底部为方形的础基。但础顶和础腰的造型多样，如础顶有平鼓形、腰鼓形和莲花形等，础腰有覆盆形、多边形和瓶颈形等。柱础的造型多与柱形结合，方柱多用方形础顶，圆柱多用鼓形础顶（图4-2-8、图4-2-9）。多样的柱础造型丰富了民居的室内环境，对于木柱起到了很好的防潮作用。

图4-2-8　湘江流域民居及祠堂中形式多样的柱础组图一
（图片来源：作者自摄）

图4-2-9　湘江流域民居及祠堂中形式多样的柱础组图二
（图片来源：作者自摄）

二、楼梯与踏步

中国传统民居中楼梯间的体量常常只占很小的空间，坡度也比较陡。一般把楼梯布置在次要的、隐蔽的位置，不能影响民居中主体空间（如厅堂）的核心地位。而西方住宅则习惯把楼梯作为住宅的核心，并做重点装饰，故意强调地坪起步处的宽度，以显示家庭主人由楼上走下来时的豪华[1]。

[1]　荆其敏. 中国传统民居 [M]. 天津：天津大学出版社，1999：121.

湘江流域传统民居中的木楼梯一般在堂屋两侧的厢房内沿墙布置，或设置在堂屋后面的退房里（湘南地区较多），或布置在天井一侧的茶室内，也有在厅的一侧或庭院内设置楼梯的（图4-2-10、图4-2-11）。基地内存在高差的住宅，高低台地自然形成了室外踏步，台地两侧的斜坡或凹地是绿化或种植的好地方，花木扶疏，景观怡人（图4-2-12）。

（a）　　　　　　　　　　　　　　　（b）

图4-2-10　张谷英大屋天井内的楼梯
（a）当大门；（b）上新屋
（图片来源：作者自摄）

图4-2-11　桃树湾大屋内的楼梯　　　　图4-2-12　沈家大屋三寿堂天井内的踏步
　（图片来源：作者自摄）　　　　　　　　　（图片来源：作者自摄）

三、屋面与排水

湖南现存传统民居建筑的屋面几乎都为小青瓦，瓦一般直接搁置在椽子上。过去湘南深山里瑶民住房的屋面和屋脊有用秋后的杉树皮覆盖的，称为"树皮屋"。

为适应炎热多雨的气候特点，湘江流域一般民居多为悬山式，少数为歇山式，前后檐出挑较多。屋面排水坡度一般在1：1.7～1：1之间。沈家大屋的屋面排水坡度为1：1.73；张谷英大屋的屋面排水坡度为1：1.5。

少数民居在两端的山墙处增设单坡房屋作为"脚房"。

现存湘北传统村落和大屋民居以悬山式为主,只是在入口门屋或主体建筑的两端用硬山式。如岳阳市平江县上塔市镇黄桥村黄泥湾叶家大屋、浏阳市大围山镇楚东村锦绥堂涂家大屋和楚东村涂家老屋,全部为悬山式屋面;岳阳市张谷英大屋主体建筑全为悬山式,只是在"王家塅"第二道大门的左右山墙上以及上新屋前面沿渭洞河岸用金字山墙;浏阳市龙伏镇沈家大屋的主体建筑也全为悬山式,入口槽门用三山式封火山墙;浏阳市金刚镇清江村桃树湾刘家大屋大部分为悬山式,入口槽门为金字山墙,主轴线上建筑两端用三山式封火山墙。而湘南传统村落和大屋民居多为硬山式,山墙翼角起翘,墀头处多有彩画、灰塑、雕刻,装饰内容丰富。

湘江流域传统民居主体建筑的封火山墙有三山、五山和七山等形式,以三山式和五山式居多。封火山墙配以起伏变化的白色腰带,形成对比强烈、清新明快的格调。有的在墙头处饰以彩绘、灰塑或砖雕,加上建筑前低后高的层次变化,错落有致,主体建筑在构图中的位置十分突出。

门、窗洞口及墙头等处的上方设批水(门头、窗楣)是南方多雨地方的一贯做法,一方面防止雨水污染门窗,另一方面也丰富了立面,突出了门户。湘江流域,尤其是湘南地区,由于用地紧张,为了不影响前排或后排房屋日照,砖砌外墙传统民居多为砖叠涩出挑屋檐(称为"齐檐"),而立面上的门、窗洞口上方多设批水。一般用砖石叠涩出挑,外粉白灰,有的正面形似银锭。坡面以三坡阁楼式为多,盖小青瓦,翼角常见有灰塑飞龙或飞鸟形态,造型生动。批水下多加绘彩画,书写诗词、名言警句或做雕刻,有的用大字书写室名,体现屋主身份、爱好或励志,装饰细致(图4-2-13～图4-2-17)。有的批水下用挑木出挑,对挑木和批水翼角进行装饰,如江华县大圩镇宝镜村的新屋、大新屋、围姊娣等。

四、采光与通风

庭院式布局是中国古代建筑布局的灵魂。中国传统民居中的天井(庭院)主要用于采光、通风和排除屋面雨水。原因是井字形内天井(庭院)式建筑具有良好的天然采光和通风效果,有了内天井(庭院),房屋可以从两面

图4-2-13　宜章县樟涵村新屋里民居窗楣

(图片来源:作者自摄)

图4-2-14　永兴县板梁村刘绍苏宅窗楣
（图片来源：作者自摄）

图4-2-15　郴州市北湖区陂副村民居门头
（图片来源：作者自摄）

图4-2-16　郴州市苏仙区坳上村民居
　　　　　门头
（图片来源：作者自摄）

图4-2-17　桂阳县正和镇阳山村民居
　　　　　门头
（图片来源：作者自摄）

采光，对内形成温馨的家居环境，对外具有良好的防御性能："昼防流寇，夜防盗贼"，而且建筑密度最大，可以节约用地。通过天井边的隔扇门窗，室内表现出更为生动的光线效果，得以通风换气。

湘江流域传统民居建筑的采光与通风除了采用普通的门窗外，大致还有如下几种方式：①隔扇门窗采光；②通过门上方的横披（亮子）采光（图4-2-18～图4-2-22）；③漏光洞和老虎窗（天窗）采光，如沈家大屋的屋顶漏光洞和老虎窗；④采光气斗或气亭（图4-2-23）；⑤前后屋檐存在高低差，利用前面的"过白"采光（图4-2-24）；⑥明瓦采光。

图4-2-18 聂市镇同德源茶庄
（图片来源：沈盈摄）

图4-2-19 桂阳县溪口村民居
（图片来源：作者自摄）

图4-2-20 宜章县黄沙镇
沙坪村民居
（图片来源：作者自摄）

图4-2-21 汝城县沙洲瑶
族村民居
（图片来源：作者自摄）

图4-2-22 郴州市苏仙
区坳上村民居
（图片来源：作者自摄）

图4-2-23　浏阳金刚镇民居采光气亭　　　图4-2-24　郴州市苏仙区坳上村
（图片来源：作者自摄）　　　　　　　　　"过白"采光
（图片来源：作者自摄）

五、防潮与防火

如前所述，湘江流域传统民居建筑的屋基防潮一般用碎砖石、三合土等夯筑，高出周围地面0.5m左右。建筑的墙体多采用当地生产的麻石、红石、青石或青砖砌筑高度在0.5～1.5m左右的墙基防潮。木柱用石柱础防潮，土砖墙体采用灰浆抹面等防潮措施。

防火对于土木结构的中国古建筑尤为重要。湘江流域传统民居建筑单体两端的山墙一般不开窗，易于防火。悬山式建筑在山墙檐下开平行于两坡屋面的平行四边形洞口，或开圆形和扇形洞口，以利于室内通风。而大屋民居的防火有多种考虑：

（1）设封火山墙。一般为青砖砌筑到顶，有的高达10m左右。如浏阳市桃树湾刘家大屋、蕉溪彭家大屋，永州市道县乐福堂乡龙家大屋的主体建筑两端均用封火山墙。

（2）利用巷道。大屋民居内的巷道对隔火起着重要作用，如遇火灾只需将巷道上的瓦撤开，火苗上窜，就很快截断了火路，不会出现一家失火、殃及四邻。

（3）选址临近水源或在屋前置明堂和院内置烟火塘。湘江流域几乎所有大屋民居和传统村落都临近水源。如张谷英大屋有渭洞河贯穿全村，大屋内专门设置了烟火塘用于防火；浏阳市沈家大屋南侧为池塘。浏阳市的蕉溪彭家大屋、桃树湾刘家大屋，江永县上甘棠村，道县乐福堂乡龙村、清塘镇小坪村，新田县黑砠岭村，宁远县路亭村、下灌村、平田村，东安县横塘村，汝城县金山村、土桥村、先锋村，桂阳县庙下村、锦湖村、阳山村，常宁市新仓村、六图村、上洲村，永兴县板梁村、高亭村，宜章县千家岸村、沙坪村、皂角村等等，屋前都有池塘或小河，要是有火灾，可以就近取水。

另外，民居内一般都有大水缸（太平缸），既是日常生活用水需要，也是失火时临时灭火之举。

第三节　民居建筑梁枋与构架装饰

一、梁、枋

梁、枋是中国传统建筑中的重要承重构件，通常也是重点装饰的部位。湘江流域传统民居和祠堂中，抬梁式木结构中的梁多选用有自然曲线的大木，或将梁处理成向上微拱，形成月梁，而且房屋中所有外露的柱间联系梁及墙间联系梁都尽量选用这种有自然曲线的木料。据村民介绍说，这种月梁似"八字"，谐音"发"，又便于传力。大梁都选用这种月梁，自然优美，刚中显柔，雄而不拙。从受力角度讲，月梁比一般的直梁在中间的弯矩要小，所以变形也小，对于木结构建筑来说，月梁优势明显，同时，建筑的开间也可适当增大。

在湘江流域传统民居建筑构架尤其是祠堂建筑构架中，梁和脊檩都是重点装饰的部位之一。梁上多做雕刻，如江永县兰溪村永兴祠梁架、祁阳县大忠桥镇双凤村郭氏宗祠、平江县黄桥村黄泥湾叶家祠堂（图4-3-1）中的主梁，以及湘南祠堂入口门楼的鸿门月梁，都有丰富的雕刻。脊檩一般用两根木料上下叠加，下面的一根（连机枋）因其下表面雕刻有太极图，被称作太极枪。一般民居中，太极枪不加雕刻，只是在太极枪的中间绘以阴阳太极图或八卦图案，最简单的只是在中间和两端裹上红、绿两色布条，是一种吉祥的象征。大屋民居和祠堂中，厅堂的太极枪上装饰丰富，通常是中间雕、绘阴阳太极图或八卦图，两侧雕、绘动植物图案和书建房时间，图案有龙、凤（如左龙右凤、双龙捧日、双凤捧日等）、天马、花卉等；也有两侧只书"乾坤"二字，注明年月日；或书以对联和建房时间的。乡下建房时架脊檩称"上梁"，上梁须举行仪式，上梁时，由匠师喊彩，如"贺喜东君，今日上梁。张良斫树，鲁班尺量。紫微高照，大吉大昌……"。脊檩最好用梓木，谐音"子"，寓意子孙发达。

抬梁式梁枋结构满足了建筑大空间的要求。湘江流域传统民居

图4-3-1　黄泥湾叶家祠堂梁架
（图片来源：作者自摄）

177

的抬梁式屋架中，梁上的"短柱"或驼峰常为经过雕刻的"大木板"，或者直接使用动物造型，象征祥和、喜气、祈福、避凶等心愿（图4-3-2～图4-3-5）。

图4-3-2 平江县黄泥湾叶家祠堂架间"短柱"形态与雕刻组图
（图片来源：作者自摄）

图4-3-3 平江县黄泥湾叶家祠堂屋架节点形式
（图片来源：作者自摄）

图4-3-4 祁阳县双凤村郭氏宗祠中驼峰造型组图
（图片来源：祁阳县住建局）

民居室内屋架中的穿枋一般不做装饰，但檐枋多做重点装饰，尤其是民居厅堂前和祠堂前的檐枋，因它们也是建筑空间的视觉中心所在，所以往往造型优美、雕刻精细。如有的像打开的卷轴，有的像案边的笔架，有的直接雕刻成寓意吉祥的动物，有的雕（绘）山水人物。即使是简单的方形，枋上雕刻的图案也尽显丰富，造型尽显生动有趣（图 4-3-6 ～图 4-3-10）。

图4-3-5　桂阳县南衙村梁上驼峰与斗栱
（图片来源：桂阳县住建局）

图4-3-6　浏阳市桃树湾刘家大屋檐枋组图
（图片来源：作者自摄）

图4-3-7　祁阳县潘市镇侧树坪村檐枋组图
（图片来源：祁阳县住建局）

图4-3-8　资兴市辰冈岭村民居梁枋雕刻组图
（图片来源：资兴市住建局）

图4-3-9　平江县黄泥湾叶家大屋祠堂
檐枋
（图片来源：作者自摄）

图4-3-10　汝城县司背湾西村民居
檐枋
（图片来源：汝城县住建局）

二、天花与藻井

天花是中国古代建筑室内顶部为遮蔽梁以上的结构而采取的措施。按天花板的位置不同有井口天花和海漫天花两种，前者是用木条垂直相互交为方格形的支架，上铺以板，构成形状像"井"字的木质顶棚，主要用于宫殿、庙宇等大型建筑中；后者是用木条钉成方格网架的平顶棚，再在平顶棚表面绘制图案或糊有图案的花纸，主要运用在宫中居住部分或官府豪门的大宅内，天花上常绘彩画。北方一般旧式民居的天花顶棚，很多是使用秫秸或细竹竿制作骨架，表面糊纸[1]。

[1]　建筑大辞典编辑委员会. 建筑大辞典 [M]. 北京：地震出版社，1992：42.

藻井是高级天花。一般建在宫殿宝座或寺庙佛坛上方（使用在殿堂明间正中）。藻井的高度比殿内一般天花的高度更上升一些，宫殿等重要建筑将这升高的部分用层层斗栱及许多花纹雕刻图案加以装饰，使其成为殿内视觉中心，一般建筑则不用斗栱。有些藻井纯粹是为了室内重点部分的装饰（如宝座或佛坛上空）[1]。

湘江流域传统民居和祠堂内也有使用天花和藻井装饰顶棚的做法，一般的顶棚装饰用海漫天花，重要的厅堂及过厅顶棚则用藻井，形状以方形和八边形为多，常绘以荷花、石榴、八仙、麒麟、蝙蝠、虎、龙凤等图案。如茶陵县虎踞镇乔下村陈家大院、浏阳市锦绶堂涂家大屋（图4-3-11）、桃树湾刘家大屋（图4-3-12、图4-3-13）、资兴市蓼江镇秧田村民居（图4-3-14）的过亭、资兴市程水镇星塘村李家祠堂（图4-3-15）和三都镇辰冈岭村公厅、耒阳市小水镇小墟村李氏祠堂、宜章县迎春镇碛石村彭氏宗祠、宁远县下灌村李氏宗祠、江华瑶族自治县宝镜村宝镜村何氏宗祠、新田县谈文溪村郑氏祠堂、祁阳县潘市镇老司里村邓氏宗祠、永兴县高亭乡板梁村祠堂等建筑中，都有雕绘精美的藻井。永兴县高亭乡板梁村民居堂屋中较多使用藻井装饰（图4-3-16）。

另外，湘江流域的戏台内一般都有藻井。

湘江流域祠堂入口门廊中有时也用藻井，如宜章县白沙圩乡才口村周氏宗祠、宜章县黄沙镇（长村乡）千家岸村琅公宗祠、桂阳县太和镇溪口村吴佑公宗祠入口门廊中都有藻井，檐下装饰丰富（图4-3-17、图4-3-18）。传统民居和祠堂的入口及其主要厅堂的前檐下有时用卷棚遮住檐檩及椽木，卷棚表面或绘以彩画，图案以人和动物为主，或书以诗词歌赋，外观秀美（图4-3-19、图4-3-20）。

181

图4-3-11　锦绶堂涂家大屋过亭上藻井组图
（图片来源：作者自摄）

---

[1]　建筑大辞典编辑委员会．建筑大辞典 [M]．北京：地震出版社，1992: 88.

图4-3-12　桃树湾刘家大
屋过亭上藻井
（图片来源：作者自摄）

图4-3-13　桃树湾刘家大屋内藻井
（图片来源：作者自摄）

图4-3-14　资兴市秧田村民居中藻井
（图片来源：资兴市住建局）

图4-3-15　资兴市星塘村李
家祠堂中藻井
（图片来源：作者自摄）

图4-3-16　永兴县板梁村民居堂屋中藻井组图（一）
（图片来源：作者自摄）

图4-3-16　永兴县板梁村民居堂屋中藻井组图（二）
（图片来源：作者自摄）

图4-3-17　宜章县千家岸村琅公宗祠
入口门廊中藻井及檐下装饰
（图片来源：作者自摄）

图4-3-18　桂阳县溪口村吴佑公宗祠
入口门廊中藻井及檐下装饰
（图片来源：作者自摄）

图4-3-19　锦绥堂涂家大屋第一进院
落与建筑檐下卷棚
（图片来源：作者自摄）

图4-3-20　永兴县板梁村民居檐下卷棚
（图片来源：作者自摄）

第四节　民居建筑门窗装饰

建筑上的门窗如同人脸上的眼和嘴，需做重点装饰，尤其是立面上的门窗。湘江流域传统民居建筑的门、窗特点明显，装饰丰富。

一、门的形式与装饰

湘江流域传统民居建筑中门的形式主要有入口大门，厅堂前的门罩，厅堂前或者过厅、茶堂前的隔扇门，内部房门（如卧室、厢房的门），以及形式多样的门道等，其形式与装饰特点如下。

（一）入口大门

湘江流域传统民居建筑中的入口大门一般为双扇平开拼板门。大屋民居大门中较多使用石门框，有的民居建筑用砖砌门洞，上面用砖过梁或石过梁，门框效果不明显。有的大屋民居建筑入口石门框的下表面刻有或绘有代表天地一体的阴阳太极图、八卦图，如湘东北浏阳市金刚镇丹桂村桃树湾刘家大屋、岳阳县张谷英村张谷英大屋（图4-4-1）、湘中双峰县香花村朱家大院、湘南东安县横塘村周家大院（图4-4-2）。湘南资兴市东坪乡新坳村民居在门框上方木连槛下表面刻阴阳太极图。石门框有两方面的作用，一方面，门框上方的雕饰造型装饰了门面；另一方面，石门框不易被硬物磨损，门框上面的条石同时起到了门过梁的作用，所以又增强了门框的稳定性（图4-4-3、图4-4-4）。

湘江流域传统民居和祠堂的入口大门很少有直接固定在门框上的，而是在门框上方的内侧设木制连槛，用门簪固定于门框上方（门上方有横披

图4-4-1　张谷英大屋石门框下
太极八卦图
（图片来源：作者自摄）

图4-4-2　横塘村周家大院石门框下太极
八卦图
（图片来源：东安县住建局）

图4-4-3 浏阳文家市彭家大屋石门框 与门簪
（图片来源：作者自摄）

图4-4-4 道县龙村柏家大屋石门框与 雕刻
（图片来源：作者自摄）

时固定于门之中槛上）。摇头两端开孔以固定门之上轴，而门之下轴落在门枕石上的圆形凹槽内。

民居或祠堂的门簪多用圆木，少数用方木，也有外形为扇形和八边形的，如江永县源口瑶族乡小河边村扶灵瑶首家大院中的门簪。门簪四周和正面常雕刻有各种图案。其中，四周雕刻多为花鸟、云纹、龙凤等图案，正面常雕刻有太极图、八卦图、仙人或其他寓意吉祥的动植物，如玄武、金蟾、仙鹿、石榴等，也有的雕刻文字，如上甘棠村周家大屋中方形门簪正面分别雕刻有"戬"、"穀"二字（图4-4-5）。

从上图及本书的其他插图中可以看出，湘江流域传统民居和祠堂中门头横披窗棂的形式和雕刻内容都很丰富。

民居大门下设置门枕石的同时常常设有门槛。官宦人家大门，尤其是祠堂大门的门枕石前常有抱鼓石。在古代，鼓是一种吉祥的象征，门枕石和抱鼓石结合使用，既增强了大门的装饰性，又增加了门框的稳定性，原来的门枕石变得不易沉陷和移动。抱鼓石一般由三部分组成：上部为雕刻的鼓石，图案如龙、凤、"松鹤祥云"、"麒麟献瑞"、"喜鹊衔梅"、"花开富贵"等；中部为方形的鼓座，图案有花卉、卷草、云纹等；下部为基座，做法似须弥座的圭脚，雕饰简单，高度一般与门槛相同。鼓座和基座的表面常用如意云纹、"佛八宝"和"暗八仙"装饰。抱鼓石寓意平安和吉祥，同时也是宅第主人身份与显贵的象征。

湘江流域大屋民居中使用抱鼓石的较多，如岳阳县张谷英大屋当大门和上新屋的大门下都设有抱鼓石，现存规模较大的祠堂入口大门下几乎都有抱鼓石（图4-4-6、图4-4-7）。

在古代，门槛的高低也是屋主贫富贵贱等级的一个重要标志。富贵人家因门户高大，入口大门门槛常为高高的不易活动的石门槛；一般民居因

图4-4-5　湘江流域民居及祠堂中雕刻丰富的门簪组图

（图片来源：作者自摄）

图4-4-6　张谷英村上新屋大门

（图片来源：作者自摄）

图4-4-7　汝城县外沙村朱氏家庙大门

（图片来源：作者自摄）

平时劳作的需要，常设不高的活动木门槛，夜晚镶嵌在门枕侧边的凹槽内，白天可以取出（图4-4-8）。

民居的大门一般设对称的叩手门环，有的大门上置金属兽首门钹，门环衔在兽首的口中，"形象生动有趣，用门环撞击金属兽面，发出清脆的叩门声，门钹也是进入宅门时最先触到的建筑装饰。"[1]

图4-4-8　民居门枕石构造图
（图片来源：作者自摄）

值得一提的是，湖南民居建筑大门的外侧常置有向外平开的双扇木制"半门"。有的类似栅栏，高度一般在1m左右；有的类似格栅门，装满了整个门洞，这样大门实际上变成了双层。当主人在家时，内侧的大门打开，关闭"半门"，鸡狗等不能随意进入室内。这种"半门"同时具有心理暗示功能，关闭"半门"，开启大门，路人或上门走访的亲朋好友就能知晓主人在家，或是没有走远。现在湘江流域，尤其是在湘南地区的民居中，仍能较多地见到各种类型的"半门"（图4-4-9～图4-4-11）。"江华瑶族，尤其是岭东瑶族，外出作业一般不关大门，仅关'半门'"。[2]

187

图4-4-9　新田县谈文溪
村民居半门
（图片来源：作者自摄）

图4-4-10　郴州市陂副
古村邓华故居半门
（图片来源：作者自摄）

图4-4-11　汝城县益道
村民居格栅式半门
（图片来源：作者自摄）

[1] 荆其敏. 中国传统民居 [M]. 天津：天津大学出版社，1999：166.
[2] 成长. 江华瑶族民居环境特征研究 [D]. 长沙：湖南大学，2004：43.

（二）隔扇门窗

隔扇门窗多用在合院式民居的厅堂前或天井边的过厅、茶堂前，便于室内采光、通风。隔扇门窗通常成对设置，隔扇窗常位于隔扇门两侧，且形式与隔扇门相同，只是不能开启。湘江流域传统民居建筑中的隔扇门窗高度上有三格和五格两种，一般为五格（图4-4-12～图4-4-14）。上部格心的高度最大，格心以下绦环板加裙板的高度约为1m。中部绦环板和上部格心是装饰的重点部位。格心的形态和绦环板上雕刻的内容因屋主的喜好各异，但左右格心的形态或绦环板上雕刻的内容相互联系。在隔扇门窗的上部通常置通长横木，横木上部为镂空的横披，或者镶走马板。

图4-4-12 永兴县板梁村民居天井边隔扇门
（图片来源：作者自摄）

图4-4-13 永兴县板梁村民居天井边隔扇窗局部
（图片来源：作者自摄）

图4-4-14　汝城县先锋村民居天井边隔扇窗
（图片来源：作者自摄）

（三）门罩

这里所谓的门罩与一般意义上的门头（位于外墙的门上方，装饰门户，也称门罩）不同，它位于厅堂门洞或室内过道洞口上方，形状如挂落，但两侧飞挂向下延伸较多，形成"门"字形（图4-4-15）。室内门罩通常和两侧的隔扇窗配合使用，装饰门洞。

大屋民居中，门罩多位于厅堂前的天井边，雕刻精细，如沈家大屋崇基堂和德润堂厅前的门罩（图4-4-16）。

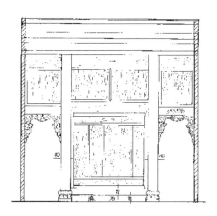

图4-4-15　张谷英大屋内的门罩
（图片来源：岳阳市文物管理处
"四有"办公室）

图4-4-16　沈家大屋德润堂厅前的门罩
（图片来源：作者自摄）

（四）房门

湘江流域传统民居的房门，如卧室、厢房、厨房等均为小门，门槛以

图4-4-17 岳阳县黄泥湾叶氏房门
（图片来源：作者自摄）

上高度在 1.8m 左右，一般不超过 2m，宽度不足 0.9m，而且几乎都有门槛，人出入时极不方便，通过时，"穿过"感极强（图 4-4-17）。房门以镶板门为多。

（五）门洞

在中国传统园林和民居中，墙体的使用功能很多，用墙来划分空间，组织建筑群体的空间变化。空间的内与外、分与合、围与透，墙体发挥了重要作用。墙上常有形式各样的透景花窗和门道来联系内外空间。湘江流域现存大屋民居多为明清时建造，具有江南庄园式建筑特点，体现了江南园林建筑的许多特点。建筑内外很多地方是用墙体来分隔空间的，内外墙上开设有各种形式的门洞，既组织了交通，又美化了空间环境，反映了历史的变迁和人们的艺术追求（图 4-4-18）。

图4-4-18 湘江流域民居中形式多样的门洞
（图片来源：作者自摄）

二、窗的形式与装饰

湘江流域传统民居的窗户，从窗框形状上看，有长方形、正方形、六边形、八边形、菱形、圆形、扇形等（图 4-4-19）；从窗棂形式上看，主要有直棂窗、花窗、隔扇窗、冰凌窗等；从窗户的材料上看，有木窗和石窗等。

湘南地区用石头雕刻的窗户较多（图4-4-20、图4-4-21）。有时，民居建筑在墙的上部开较小的漏窗洞口，以利于内部（阁楼）通风。

图4-4-19　湘江流域形式多样的窗户组图
（图片来源：作者自摄）

图4-4-20　资兴市三都镇流华湾村石雕窗户组图
（图片来源：资兴市住建局）

图4-4-21　资兴市蓼江镇秧田村石雕窗户组图
（图片来源：资兴市住建局）

　　一般民居以直棂窗加几根横棂为多，大屋民居和富裕人家的窗棂多做成美丽的图案，成为花窗，装饰性强。花窗的图案以平纹、井字形和卍字形居多，也有斜纹和如意形窗棂，一般都有一个视觉中心。窗棂多做雕刻，图案有花鸟虫鱼、人物走兽等（图4-4-22～图4-4-24）。光线从室外射进来，在室内形成明暗变化的图案及闪烁的光影；人由室内看出去，视野多样化，增加了视觉形象。窗户材料多用杂木，不用松木和杉木，因为松木和杉木的木质疏松，不易雕刻，易变形，好的杂木没有这种情况。窗头也是装饰的重点，除上文所说的用砖石叠涩出挑设批水并装饰外，湘江流域尤其是湘南地区，多是在窗头处的墙中用砖叠涩形成人字形窗头，并堆塑寓意吉祥的动植物图案装饰（图4-4-25）。

图4-4-22　沈家大屋窗户　　图4-4-23　叶家大屋窗户　　图4-4-24　流华湾村窗户
　（图片来源：作者自摄）　　　（图片来源：作者自摄）　　　（图片来源：作者自摄）

图4-4-25　湘江流域形式多样的窗头组图
（图片来源：作者自摄）

　　科举时代，考取功名对于农家是莫大的欢喜。农户上的窗户形状同样体现了这一时代特点，如浏阳市大围山镇楚东村锦绶堂大屋内的窗户做成打开的书卷形状，既体现了屋主对建筑美的追求，也反映了屋主对子孙的美好希冀（图 4-4-26）。

图4-4-26　锦绶堂大屋内书卷形窗户
（图片来源：作者自摄）

第五章 湘江流域传统民居建筑的文化审美

第一节 文化内涵与传统建筑的文化审美意义

一、文化及其特征

（一）文化的内涵与意义

在中国，"文"、"化"二字联用（但不是一个整词），最早见于《周易·贲卦·象传》："刚柔交错，天文也；文明以止，人文也。观乎天文，以察时变；观乎人文，以化成天下。"所谓天文，指天道自然规律；所谓人文，指人伦社会规律，生活中人与人之间错综交织的关系，如君臣、父子、夫妇、兄弟、朋友等。中国古代所谓文化是与武力相对应的，主要指文治教化。西汉以后，"文"与"化"经常作为一个整词连用，并逐渐固定为一个词。如：西汉刘向的《说苑·指武》曰："圣人之治天下也，先文德而后武力，凡武之兴，为不服也；文化不改，然后加诛。"西晋束皙的《文选·补亡诗·由仪》曰："文化内辑，武功外悠。"南齐王融的《曲水诗序》曰："设神理以景俗，敷文化以柔远。"这些都是指运用文物典籍和礼乐制度，来教育和感化人们，它专注于精神创造方面。与文化接近的词语有"文明"。《周易》中多处提到"文明以止，人文也。"唐代学者孔颖达解释说："经天纬地曰文，照临四海曰明。"说明"文明"兼顾物质创造和精神创造两个方面，而不只限于精神文化。

在西方，"文化"一词 Culture 来自拉丁文的 Cultura，本义为耕种、栽培、照料、加工等，并引申为对人的培养、教育、训练等，包括"耕种出来的东西"，以区别于"自然存在的东西"。与中国古代"文化"的内涵基本相同，但 Culture 更接近于汉语中的"文明"一词。

现代意义上的文化概念是 1871 年，英国人类学家爱德华·泰勒在《原始文化》一书中提出的："文化或文明，就其广泛的民族学意义来说，乃是包括知识、信仰、艺术、道德、法律、习俗和任何人作为一名社会成员而获得的能力和习惯在内的复杂整体。"[1] 这是对文化的最早解说。之后，文化和文明常被看作同一事物的两个方面。学者们从历史学、人类学、社会

---

[1] Edward Burnett Tylor. *Primitive Culture*[M]. London: John Murray, 1871: 1.

学和哲学等多个角度探讨了文化现象及其历史发展,对文化进行了多种释义,如:总和说、精神说、人的能力、素养说、习惯、规范、准则、舆论、价值观说、生活方式、生活样式说、象征说、符号说、无意识说、意义说、表意象征符号说、物质、精神、制度三分说、创造说、与自然相对说、人化说等。其中较有影响的观点大致有三种:

第一种是创造、总和说,认为文化有广义和狭义之分。如中国的《辞海》(1980年版)对文化的解释有三个。第一个解释认为,文化是指人类的生产能力及其产品。从广义上说,指人类在社会历史实践过程中所创造的物质财富和精神财富的总和。从狭义上说,指社会的意识形态,以及与之相适应的文化制度和组织机构。在阶级社会里,文化具有阶级性、民族性,在文化的发展中具有历史的连续性。第二个解释认为,文化"泛指一般知识,包括语文知识在内"。第三个解释认为,文化在中国古代指封建王朝所施的文治和教化的总称。《中国大百科全书》(社会学卷)也说:"广义的文化是人类创造的一切物质财富和精神财富的总和。狭义的文化专指语言、文学、艺术及一切意识形态在内的精神产品。"广义的文化接近"文明"的概念,主要是根据人与动物、人类社会与自然界的区别提出来的。狭义文化主要指社会的上层建筑及其意识形态,或人类在实践中所创造的精神财富,大多数情况下专指意识形态。历史学、人类学和社会学通常在广义上使用文化概念。学者司马云杰说:"文化乃是人类创造的不同形态的特质所构成的复合体。"[1]毛泽东说:"一定的文化是一定社会的政治和经济观念在形态上的反映,又给予伟大影响和作用于一定社会的政治和经济。"(《新民主主义论》)马克思主义的文化观认为,文化的实质含义是"人化",是人类通过主体的实践活动,适应、利用和改造自然,从而体现自身价值观念的过程;人创造文化,同样,文化也创造人[2]。

文化的创造、总和说突出了文化生产的主体能动性、过程演进性和熔铸性,以及文化产品的抽象性,如思维方式、意识形态和文化制度。

第二种是生活方式、生活样式说,认为文化是一个民族的生活方式,是一种并非由遗传而得来的生活方式。如,美国著名文化人类学者鲁斯·本尼迪克特认为"文化是通过某个民族的活动而表现出来的一种思维和行动方式,一种使这个民族不同于其他任何民族的方式"。卢梭在《社会契约论》中认为文化是风俗、习惯,特别是舆论,它的特点:一是铭刻在人们内心,二是缓慢诞生,三是能够维持人们的法律意识。中国学者梁启超说:"文化者,人类心能所开积出来之有价值的共业也。"[3]胡适说:"文明是一个民族

[1] 司马云杰. 文化社会学 [M]. 北京:中国社会科学出版社,2001:9.
[2] 张仁福. 大学语文——中西文化知识 [M]. 昆明:云南大学出版社,1998:1-3.
[3] 梁启超. 什么是文化 [A]// 饮冰室合集5·文集39[C]. 北京:中华书局,1989:97-104.

应付他的环境的总成绩"，"文化是一种文明所形成的生活的方式"。[1] 梁漱溟说："文化并非别的，乃是人类生活的样法。"[2] 梁漱溟将人类生活的样法分为精神生活、物质生活和社会生活三大内容。

显然，文化的生活方式说包括了人们的兴趣、爱好、风俗、习惯、规范、准则、舆论、价值观，认为"文化"即是人的行为准则，指人们在特定环境下行为习惯和思想意识的总和，强调了文化的传承性，认为文化是作为社会的生活方式加以继承的，文化是历史上所创造的生存式样的系统，既包含显型式样又包含隐型式样，它具有为整个群体共享的倾向，或是在一定时期中为群体的特定部分所共享。在现代英语词典中，文化被定义为：文化指一个民族的整体生活方式，即一个民族的风俗、传统、社会习惯、价值观、信仰、语言、思维方式以及日常活动。

第三种是象征符号说，认为现实的文化是以符号的形式存在的，以符号来理解文化有利于揭示文化的本质和基本特征。符号能够把人的一般的、普遍的文化精神直观化，使文化成为可以把握的东西。不通过符号中介人就无法认识、理解和掌握文化，没有符号，文化就不能承传、交流、蓄存和增值，文化就无法生存，无法发挥其功能。如，莱斯利·怀特（Leslie A. White）在《文化的科学：人类与文明研究》中指出："一切人类行为都是在使用符号中产生的。正是符号把我们的猿类祖先转变为人，赋予他们人性。只有通过使用符号，全部人类文明才得以产生并获得永存。正是符号使人类的婴儿成长为完人。"[3] 他认为，人所创造的象征符号是解开一切文化秘密的魔术钥匙。德国哲学家恩斯特·卡西尔（Ernst Cassirer）则认为，文化是人所创造的符号体系，由符号所构成的艺术、道德、宗教等文化现象和科学一样都具有真实性。卡西尔认为"人是符号的动物"，文化是人类符号活动的结果，人区别于动物的根本点在于人有创造和使用符号的能力。人创造和运用符号的能动过程和结果，形成全部文化世界，所以人又是文化的存在[4]。

文化的象征符号说突出了象征符号的创造性，表明了象征符号是人的根本特性，是文化的核心，使人们对文化的认识真正进入了哲学的视野，是对文化认识的深化，因而日益受到文化哲学家们的重视。它标志着人们对文化的认识由具体走向抽象，由经验论开始走向文化哲学。但符号（象征）毕竟还是"中介"，它必须依赖于人类的社会实践。只有把符号和人类实

---

[1] 胡适. 我们对于西洋近代文明的态度 [A]// 季羡林. 胡适全集（第3卷）[C]. 合肥：安徽教育出版社，2003：2.

[2] 梁漱溟. 东西文化及其哲学 [M]. 北京：商务印书馆，1999：60.

[3] （美）莱斯利·A·怀特. 文化的科学——人类与文明研究 [M]. 沈原，黄克克等，译. 济南：山东人民出版社，1988：22.

[4] 刘进田. 文化哲学导论 [M]. 北京：法律出版社，1999：216-223.

践联系起来，重视主体性创造，才能合理说明符号的起源和实质，也才能真正理解符号所蕴含的文化价值和意义。

1952 年，美国文化学家克罗伯和克拉克洪在《文化：概念和定义的批评考察》一文中对文化的综合定义为："文化由外显的和内隐的行为模式构成；这种行为模式通过象征符号而获致和传递；文化代表了人类群体的显著成就，包括他们在人造器物中的体现；文化的核心部分是传统的（即历史的获得和选择的）观念，尤其是他们所带来的价值；文化体系一方面可以看作活动的产物，另一方面则是进一步活动的决定因素。"[1] 这一文化的综合定义基本上包含了以上三种文化释义的主要观点，有着广泛的影响。

（二）文化的要素与特征

文化的分类有多种方法，按文化形态分为物质文化和精神文化；按文化结构分为物质文化、精神文化和制度文化；按文化事物和现象的地位作用分为认识型、艺术型、规范型、社会型和器用型文化等。物质文化是精神文化的基础，物质文化和精神文化不是截然分开的，任何物质文化事物都在一定程度上反映着精神文化的某些方面，许多精神文化也具有一定物质形式，如街头雕像、纪念碑、古岩画刻等。

上述对文化的各种定义，可以说是仁者见仁，智者见智，互有长短，他们互相补充，使文化的内涵和意义更加清晰。从中我们可以清楚地看出文化所具有的要素和特征。

1. 文化要素

文化要素即是文化所包含的各种基本成分。分析文化要素，有利于归纳总结文化的一般特征和本质特征，以及文化所具有的价值与意义。

（1）物质要素，即物质文化，是文化结构的构成要素之一，是文化产品中的有形部分。人类通过主体的实践活动，适应、利用和改造自然，在实践中改造自然和改造自身，实现生产工具的改进和劳动产品的丰富与升级，并实现自身的价值。文化的物质要素体现文化的精神要素，包括文化制度、生活样式、价值观念和审美特点。

（2）精神要素，即精神文化，是文化结构的构成要素之一，是文化定义中的狭义文化，属于无形文化。包括一切社会意识形态以及与之相适应的文化制度和组织机构，如：科学、哲学、艺术、宗教以及各种思想观念，其中尤以价值观念最为重要。因为价值观念是文化集团的文化得以存在、延续、复制的核心因素。精神文化体现了人类的思维活动和价值标准，是文化要素中的核心要素，它反映了不同文化集团的价值观和审美观，决定

[1] A.L.Kroeber and C.Kluckhohn. *Culture: A Critical Review of Concepts and Definition.*[M] London: Harvard University Press, 1952: 181. 转引自：王诚. 通信文化浪潮 [M]. 北京：电子工业出版社，2005: 4-5.

着不同文化集团特有的生活方式和生活式样，包括物质要素的形态特点。

（3）规制要素，即制度文化，也是文化结构的构成要素之一，是人类在物质生产过程中所结成的各种社会关系的总和，是一定时期的各种规范、制度和准则的总称。制度文化既是适应物质文化的固定形式，又是塑造精神文化的主要机制和载体。通过规制文化，人们的各种社会行为得以调节，社会秩序得以维持，文化集团的价值观得以实现并传承，体现了"文化体系一方面可以看作活动的产物，另一方面则是进一步活动的决定因素"的文化观念。

（4）环境要素，环境要素是文化的发展要素，包括自然环境、时空环境和社会环境。按照马克思主义学者的文化观，"文化"即"人化"，物质文化、精神文化和制度文化总是在一定的自然环境、时空环境和社会环境下形成、发展，并相互适应和相互促进的。横向发展体现的是人与自然环境作用而形成的不同文化模式，纵向发展体现的是文化发展中呈现的不同历史形态，反映的都是人类生存方式系统的不同。其中，自然环境（未经人化的环境）是不同地域文化产生的物质基础；时空环境（一定的时间与空间环境）是不同文化形态和文化特征形成和发展的历史基础；社会环境（精神要素和制度要素）是不同文化类型和文化模式形成和发展的决定因素，它决定着地域文化集团的思维方式、行为模式、生存样式、价值观和审美取向。

2. 文化特征

通过对文化的定义和文化组成要素的分析，我们可以归纳总结出文化的如下特征：

（1）实践性。文化的实践性体现了人类发展的特点，即人类通过主体的实践活动，适应、利用和改造自然，创造文化，同时也创造人类自身；体现了文化的本质特征是促进自然、社会的人文之化，即"人化"。文化的三个层面——物质、制度和精神，都是人类在实践中创造出来。

（2）传承性。文化的传承性体现了文化作为人类生活方式和生存式样系统的特点，即文化是学习得来的，而不是通过遗传天生就有的。文化是社会化的产物，是一个连续不断的动态过程，是在继承和发展中演进的，适应了时代的发展要求，也就具有了时代性的特点。

（3）群体性。文化的群体性同样体现了文化的社会化特点，即文化是一种社会现象，而不是个人的行为。马克思说："人的本质在其现实上是一切社会关系的总和"。社会化要求文化是一个群体或社会全体成员共同认可、共同享有和共同遵循，或是在一定时期中为群体的特定部分所共享，而不是个人的行为或习惯。

（4）多样性。文化的多样性体现了文化的民族特色和地域特色。文化总是根植于民族之中，不同民族有不同的民族文化，同一民族在不同历史时期和不同地域也有不同的文化形式。

（5）共同性。文化的共同性表现为不同民族在社会实践活动中有相同的文化形式，其特点是不同地域、不同民族的意识和行为具有共同的、同一的样式。体现了不同民族在历史的发展中文化相互融合的特点，表现为文化的趋同或趋近。

（6）功能性。从字面意义理解，"文化"表达的是人类活动的价值观和实践性。任何文化产品都包含着创造者的价值观和审美观等思想观念，在实践中体现"文化"的意义，实现其功用价值。物质文化主要是满足人类的使用要求；精神文化有其相对的稳定性和影响力，起规定、束缚、协调和组织人们的生活行为的作用。正如美国文化学家克罗伯和克拉克洪所说："文化体系一方面可以看作活动的产物，另一方面则是进一步活动的决定因素。""文化意义被定义为：'对过去、现在和将来的年代都有美学的、历史的、科学的或社会的价值'。"[1]

二、传统建筑的文化审美意义

（一）审美文化与文化审美

1.审美文化

审美文化是建立在现代文化系统，尤其是艺术文化系统不断发展和日趋完善基础上的，是当代文明和文化日益审美化、日益贴近人类真实生存状态的产物。"审美文化"这一概念最早出现于德国美学家席勒在1793～1795年间撰写的《美育书简》中，他认为"审美文化"将会把人类文化带入最高理想境界——"审美王国"。20世纪90年代以前，审美文化被认为只存在于少数精英的圈子中，是一种传统的精英性的"纯审美"或"唯审美"观念。它强调的是审美与艺术所具有的与日常生活相对立的精神性或超验性内涵；其最适合的审美对象往往是具有强烈终极关怀意义的、神性思考层面上的经典文化或曰高雅文化。20世纪90年代中期以来，上述"纯审美"或"唯审美"观念迅速被"泛审美"的"审美文化"（aesthetic culture）话题取代，泛化在艺术活动及其产品形态的审美活动中，如建筑审美文化、装饰审美文化、雕塑审美文化、旅游审美文化等。王德胜先生认为："所谓审美文化，是指以人的精神体验和审美的形式观照为主导的社

199

---

[1]　参见 COMOS, The Burra Charter（澳大利亚）：The Australian ICOMOS Charter for the Conservation of Places of Cultural Significance(1999). 转引自：(英)约翰·爱德华兹(John Edwards). 古建筑保护——一个广泛的概念 [A]// 中国民族建筑研究会. 亚洲民族建筑保护与发展学术研讨会论文集 [C]. 成都，2004: 33-39.

会感性文化。审美文化代表了人类文化与文明发展的高级形态。"[1]审美文化是人类有目的有意识地创造美和享受美的一种特殊社会活动，是人工而非自然的审美活动。它尤其指审美活动是一种能够对社会成员发挥精神教化作用的特殊意识形态方式。审美文化是现代文化体系的一个组成部分。

2. 文化审美

南开大学杨岚教授认为，文化审美是人类以审美方式来观照其生存方式和文明成果的精神历程，按照文化结构构成要素的三个层面（物质、制度、精神）的定义，文化审美也可以在宏观、中观和微观三个层面展开：宏观层面的文化审美主要是对人类的生存方式系统的审美，包括对一个国家或地区的纵向的文化体系的审美和对世界范围内不同的大的民族文化体系的审美；中观层面的文化审美依社会结构展开，包括对文化结构、性质和核心要素等的审美；微观层面的文化审美是对文化现象的审美，包括对不同的文化层次的不同文化风格的审美，也包括对日常生活生产方式的审美[2]。

可见，"文化审美"和"审美文化"两个概念虽然只是在组词顺序上的前后差别，但意义却大相径庭，属于两个不同的范畴。前人对于具体的艺术产品的审美活动，多集中于对其审美文化的论述，如对各类建筑审美文化的论述。本书作者在学习、比较这两个概念之后，认为对于人类劳动产品（包括物质、制度和精神三个层面）的审美活动，从文化审美角度关注，在重视对客体研究的同时，重视主体性创造（实践），重视"人"在劳动产品形成与发展中作用，更能揭示其文化的"意义之源"、本质特征及其形成与发展的动力机制，同时也扩大了研究视域。

（二）传统建筑的文化审美视角

地域传统建筑是地域文化景观重要的组成部分，是人类文化的重要物质载体。地域文化景观是在特定的地域环境与文化背景下形成并留存至今，是人类活动的历史纪录和文化传承的载体[3]。自然地理环境是地域文化景观形成和发展的物质基础，地域民族文化的涵化过程是地域人文景观形成和发展的文化基础。

传统建筑的文化审美可以从建筑生成环境系统、建筑文化传统和建筑的审美特征等三个层面展开。建筑生成环境体现的是地域人类的生存方式，研究可以从其形成和发展的地域自然地理环境和历史人文地理环境两个方面展开。建筑文化传统体现的是地域人类的文化涵养，表现在文化结构、文化性质和文化核心要素等多个方面。建筑的审美特征外在表现为地域建

[1] 王德胜. 美学原理 [M]. 北京：高等教育出版社，2012：258.
[2] 杨岚. 文化审美的三个层面初探 [A]// 南开大学文学院编委会. 文学与文化（第7辑）[C]. 天津：南开大学出版社，2007：303-313.
[3] 王云才. 传统地域文化景观之图式语言及其传承 [J]. 中国园林，2009（10）：73-76.

筑的物质形态及其艺术特点，内在体现的是地域人类的审美需要和审美价值取向。

从文化审美角度观照地域传统建筑的艺术特征和精神内涵，有助于扩大地域传统建筑研究的视野，拓展地域传统建筑研究的内容，把握传统建筑的"地域特质"。

湘江流域传统民居建筑是地域的自然、地理、历史人文等诸多因素综合作用的结果。历史上，湘江流域是古代荆楚文化与百越文化的过渡区，是四次大规模"移民入湘"的主要迁入地，自古受楚、粤文化和中原文化等多种文化影响。秦汉以来，随着"灵渠"的开通和攀越南岭"峤道"的修筑，具有流域特点的文化交流与发展的"走廊"逐渐形成。湘江流域传统民居建筑的自然地理环境特点和历史人文地理环境特点在第一章已经介绍，本章主要从文化审美的中观和微观两个层面论述湘江流域传统民居建筑空间、建筑装修装饰所蕴含的哲学思想、文化传统、审美特征和价值取向等文化审美意蕴。

第二节　传统民居庭院的文化审美

庭院式布局是中国古代建筑布局的灵魂。由屋宇、墙、廊等围合而成的内向性封闭式民居庭院空间，能营造出宁静、安全、洁净、生产、休憩、怡乐、生态、景观的生活环境，适应了中国南北方的气候和地形特点，体现了中国古代的哲学思想、封建礼制思想及家族宗法制度等文化传统。在易受自然灾害袭击和其他不安因素侵犯的社会里，这种内向性的庭院式布局体现了建筑审美文化的自然适应性、社会适应性和人文适应性功能，很好地体现了中华传统文化的价值观和民族精神、审美理想和审美情趣，体现了中国传统建筑艺术的文化价值和审美观。

湘江流域传统民居建筑多采用庭院式布局，庭院一般较小，不仅较为阴凉，而且节约用地。其建筑组群在环境选择与布置、空间组织与形态、场所调适与功用等方面充分体现了中国传统建筑的文化审美意蕴。

一、民居庭院中观层面的文化审美

中观层面的文化审美是依社会结构的层面提出的，是基于人与人之间的关系（生产关系、社会关系、精神交往关系）展开的，偏重于文化结构审美，强调不同文化间相互制约影响的关系；注重文化性质的审美和文化核心要素的审美，这里的核心要素是在不同历史阶段曾经或将要在文化体系中占据主导地位的文化要素，如宗教、哲学、科学、艺术等[1]。

（一）"礼乐"和鸣的宗法伦理观

儒家学说一直是中国古代社会的正统思想，"礼制"是其学说的中心。"'礼'的精神就是秩序与和谐，其内核为宗法和等级制度。"[2]在历史发展和时代变迁中，儒学得到了其他学术流派的诠释和光大，从各个方面影响和制约着人们的饮食起居和言行举止，上至天子，下至臣民。对建筑方面的制约，大到城市规划、帝王宫室，小到村镇、民宅，处处都体现了传统的儒学文化思想。分析传统民居庭院的儒学文化思想，属于对传统建筑文化审美中文化核心要素——哲学思想体系和文化传统的审美。

占中国传统文化主流的儒家思想的根基在于"礼乐"。《左传·隐公·隐公十一年》曰："礼，经国家，定社稷，序民人，利后嗣者也。"《礼记·乐记》云："乐者，天地之和也；礼者，天地之序也。和，故百物皆化；序，故群物皆别。""礼乐刑政，四达而不悖，则王道备矣。"说明传统儒家思想的"礼乐"是与政治直接相关并与政治连在一起的。"儒家说的'礼'，一般包括'乐'在内；狭义的礼是指一种合于道德要求的行为规范；广义的礼包括合于道德要求的治国理念和典章制度，以及切于民生日用的交往方式等。"[3]广义的礼包含"官方儒学"和"世俗儒学"。

"乐"和"礼"在基本目的上是一致或相通的，都是在维护和巩固群体既定秩序的和谐稳定。儒家不但强调"礼"，而且重视"乐"，认为"礼乐"要并举，要求"礼乐"和鸣。一方面以"礼"为手段，掩盖森严的等级制度和不可逾越的"尊卑"、"长幼"秩序；另一方面以"乐"调和天地，维护血缘关系与等级秩序。"中国古代的'乐'主要并不在要求表现主观内在的个体情感，它所强调的恰恰是要求呈现外在世界（从天地阴阳到政治人事）的普遍规律，而与情感相交流、相感应。它追求的是宇宙的秩序、人世的和谐，认为它同时也就是人心情感所应具有的形式、秩序、逻辑。"[4]体现在建筑文化审美上，是伦理、宗教、习俗、风水等礼俗文化在建筑中的体现。传统"礼乐"秩序要求建筑空间、形制与规模寄寓伦理，体现等级制度和尊卑关系，方位上讲究主从关系。

1.建筑布局体现宗法伦理思想

"当代历史学界把世界各国的文化分成三个类型：伦理型、宗教型、科学型。中国便是伦理型文化的代表。在伦理型文化中用三纲五常来维系人

[1] 杨岚. 文化审美的三个层面初探[A]// 南开大学文学院编委会. 文学与文化（第7辑）[C]. 天津：南开大学出版社，2007：303-313.
[2] 吴庆洲. 建筑哲学、意匠与文化[M]. 北京：中国建筑工业出版社，2005：13.
[3] 彭林. 中华传统礼仪概要[M]. 北京：高等教育出版社，2006：52-53.
[4] 李泽厚. 华夏美学（插图珍藏本）[M]. 桂林：广西师范大学出版社，2001：40.

与人的关系，它与宗法制度相结合，便形成一种礼制秩序，这种礼制秩序成为中国封建统治者所倡导的社会处事准则。而中国传统建筑，也随之被要求体现这样的准则。因此，在历代的典籍中，明确规定着各种对建筑的要求，其核心思想是利用差序格局来区分尊卑关系。差序格局成为中国古典建筑群组发展变化的准绳。"[1]

中国古典建筑群组的差序格局主要通过建筑形制、空间、体量、装饰等方面的差别来体现。传统建筑空间多采用轴线的庭院式布局方式。庭院式布局不但较好地解决了建筑群组的采光和通风，而且较好地体现了"礼乐"秩序对建筑空间的伦理要求，是文化结构审美的体现。

以湘江流域传统民居建筑群组为例，传统富家住宅多由前后两进或多进、左右厢房围成庭院，中有天井，植以花木。外建槽门、围屋，并有八字墙、山字垛、照壁等，前有敞坪。大户人家，聚族而居，前后递屋有五进甚至七进之多，形成纵横轴线式平面布局。回廊与巷道将数十栋房屋连成一个整体。每逢喜事，各进中门洞开，从大门至上厅神龛，进深数十米甚至百余米。

（1）长幼有序。堂屋是民居建筑的核心，是住宅内的神圣空间，不仅是日常活动的主要场所，也是一家的精神所在，中国古代的宗法思想在这里有明显的体现，是礼制秩序对宗法的强化。《大戴礼记》说："故礼，上事天，下事地，宗事先祖而宠君师，是礼之三本也。"长期以来，天地君亲师以牢固的宗法观念存在于人们的心目中，构成社会伦理的核心。湘江流域传统民居中的堂屋，都为一个大进深，一般不作分割，在堂屋后部正中设神龛，供奉祖先牌位和神灵的塑像。建筑空间通过堂屋来组织，它既是家庭起居会客的公共空间，又是家庭祭祀祖先、举行重大活动的地方。宗法思想在这里得到了充分的体现。

湘江流域传统大屋民居建筑群多以纵轴线为主"干"，纵轴线上的建筑为一组正厅、正堂屋，是主体建筑，用于长辈住居和供奉家族祖先牌位；以横轴为"支"，横轴线上的建筑为若干组横厅、侧堂屋，是"附属"建筑，用于家族中各支房住居和供奉各支房祖先牌位。纵轴线上的正厅、正堂屋与横轴线上的横厅、侧堂屋相比较，正厅、正堂屋相对更为高大、空旷，威武而庄严，是横厅、侧堂屋及其两侧的卧室、厢房所不及的，同时主轴线上的厅堂大门又要高于次轴线上的厅堂大门。如岳阳张谷英村某合院式住宅纵轴线上的大门宽1.67m、高3.2m，横轴线上的大门宽1.41m、高2.7m。这种秩序明确、和谐发展的传统民居建筑空间，充分体现了中国封建社会

---

[1]　郭黛姮. 中国传统建筑的文化特质 [A]// 吴焕加，吕舟. 清华大学建筑学术丛书：建筑史研究论文集（1946-1996）[C]. 北京：中国建工出版社，1996：149.

以血缘关系为纽带的"礼乐"秩序和宗法伦理思想，是传统文化结构中精神文化的体现和发展。

（2）左尊右亲。"源于祖先崇拜并逐渐发展起来的宗法制度，从另一个角度对朝向的主从提出了要求。《周礼·春官·冢人》在述及墓葬时提及：'掌公墓之地，辨其兆域，而为之图，先王之葬居中，以昭穆为左右。'"[1] 当建筑面南时，左东而右西。以东为尊与以左为尊结合在一起。"夫宅者，乃是阴阳之枢纽，人伦之轨模。"（《黄帝宅经》）长期以来，天地君亲师在人们心目中的级序不变，先天地而后有君，先昭而后有穆。于是，传统民居祖先堂（高堂）上神龛内供奉祖先牌位时，天、地、君、亲、师，总为从上至下排列，并列左昭右穆。

2. 建筑群组体现社会结构特征

庭院式布局是中国古代建筑布局的灵魂。上至宫殿、城市、衙署建筑群组，下到寺庙祠观和一般民居建筑，其平面布局和空间组织都是以院落为中心，在主轴线上布置主要殿、堂和厅，强调等级和秩序，突出伦理关系。传统民居"通过对住宅中堂屋、正房、厢房、倒座等房屋的安排，满足了家庭中父母、子女、夫妻的人伦关系。"[2] 大户人家又以这样的布局为母体，前后左右铺陈，向外生长。"在生长过程中，为了解决社会上超越'家'的范畴的更复杂的人际关系，便出现了等级的划分，通过对建筑的分级来满足各种复杂的人伦关系。"[3] 一座建筑不但有体量大小的差别，形式的差别，而且还有用材、装修、色彩、装饰等的差别。这些差别并不都是建筑的功能所决定的，更多的是伦理型文化的产物。

传统庭院式民居建筑群组以家为单位，以院落、天井来组织空间。院落、天井作为建筑平面的组成部分，室内外空间融为一体。以院落或天井为中心组成单元，以房廊和巷道作为联系空间。院周围建筑互不独立，相互联系。分则自成庭院，合则贯为一体。你中有我，我中有你，独立、完整而宁静。注重人与生活、人与自然的和谐关系。体现了强烈的儒家"合中"意识和"家国同构"的宗法伦理社会结构特征。

（二）"天人合一"的哲学观

"天人合一"是中国古代基本的哲学思想，强调的是人与自然的不可分割和有机统一，突出的是"贵中尚和"的文化特征，是中国传统文化的审美理想和最高境界。古人认为，天文、地理、人道都不能离中而立，唯

---

[1] 潘谷西. 中国建筑史（第七版）[M]. 北京：中国建筑工业出版社，2015：231.

[2] 郭黛姮. 中国传统建筑的文化特质 [A]// 吴焕加，吕舟. 清华大学建筑学术丛书：建筑史研究论文集（1946-1996）[C]. 北京：中国建工出版社，1996：149.

[3] 郭黛姮. 中国传统建筑的文化特质 [A]// 吴焕加，吕舟. 清华大学建筑学术丛书：建筑史研究论文集（1946-1996）[C]. 北京：中国建工出版社，1996：149.

有持中，才能达到"天人合一"的最高境界。在中国古代，"建立在嫡长制基础上的宗法制度维护了古代社会的秩序，小至族权，大至皇权。嫡长制强调了直系、嫡传，弱化以至削弱旁系、'庶出'，这造就了封建社会的正统观念。"[1] 在建筑系列之中，何处为尊？《礼记》："中也者，天下之大本也。"《中庸》："中也者，天下之本也；和也者，天下之达道也。致中和，天地位焉，万物育焉。"《管子·度地篇》中有："天子中而处。"《吕氏春秋·慎势》中更进一步指出了建筑与"中"的关系："古之王者，择天下之中而立国，择国之中而立宫，择宫之中而立庙。"无疑，在建筑上就是要求中正，不中则不正，不中则不尊。非对称无以壮威，于是古代的都城规划、陵寝、寺庙祠观等都把主要的殿、堂放在中轴线上以示位尊。随着封建礼教的强化，中轴线成为建筑群组的主宰。

受中原文化的长期影响和封建礼教的严重束缚，建筑中的"高下有等、内外有别、长幼有序，以及中为尊、东为贵、西次之、后为卑等礼仪制度"[2]在湘江流域传统民居中得到了充分的体现。民居建筑群组"干支"分明，横轴线上的若干组侧堂屋呈左右两侧对称分布并垂直于纵轴线上的正堂屋，加之它们的进深、走向跟正堂屋的原理相同，同律同构，因此整个建筑结构紧凑而井然有序地向两旁"生长"，万变不离其宗。建筑布局高密度紧凑，外部封闭，内部呈现向中呼应的趋势，有强烈的凝聚力和向心力，顾盼有情，和谐发展，是传统文化中"天人合一"的审美理想与人生追求的具体体现。建筑群组对称、均衡、向中的轴线式院落空间，是传统的人伦"中和"意识的妙用，体现了中国传统建筑在文化思想和审美意蕴等方面的许多共性。

（三）阴阳有序的"四象"时空观

阴阳理论同堪舆、地理、相宅等理论一样，都是从原始的占卜理论中分离出来的，是中国古代人们通过对天地、日月、昼夜、阴晴、寒暑、水火、男女等自然现象以及贵贱、治乱、兴衰等社会现象的仰观俯察，在商周时期形成的被后世概括为阴阳的一系列对立又互相转化的矛盾范畴。宏观上它们都以《易经》为其判断的逻辑基础，但都有各自的历时性变化，包括其非理性的一面向神秘化的方向上延伸。如：阴阳理论的"四象"时空观认为，"四象，四时也。"（《易传·系辞上》）[3] "四时者，阴阳之所生也。

---

[1]　潘谷西. 中国建筑史（第五版）[M]. 北京：中国建筑工业出版社，2004：226.

[2]　杨慎初. 湖南传统建筑 [M]. 长沙：湖南教育出版社，1993：8.

[3]　《易传·系辞上》："是故易有太极，是生两仪，两仪生四象，四象生八卦，八卦定吉凶，吉凶生大业。是故法象莫大乎天地，变通莫大乎四时，县象著明莫大乎日月。"虞翻注："四象，四时也。"高亨注："四象，四时也。四时各有其象，故谓之四象，天地生四时，故曰：'两仪生四象。'"又《易传·系辞上》："易有四象，所以示也。"高亨注："四象：少阳、老阳、少阴、老阴四种爻象也。四象以示事物之阴阳刚柔及其变化与否。"

阴阳者,神明之所生也。神明者,天地之所生也。天地者,太一之所生也。"(郭店楚简:《太一生水》)。《易经》被儒家定位六经之首,在两千多年的中华文明中,被道、佛诸家接受与弘扬。"昔者圣人之作易也,将以顺性命之理。是以立天之道曰阴与阳,立地之道曰柔与刚,立人之道曰仁与义。兼三才而两之,故《易》六画而成卦,分阴分阳,选用柔刚,故《易》六位而成章"(《周易·说卦传》)。兼三才即把天地人三道贯通起来考虑。中国传统建筑在阴阳、堪舆等理论的影响下,强调有序和变化,从另一个方面体现了"天人合一"的中国传统美学思想。

按照阴阳理论的"四象"时空观,天井(包括院落)式建筑的阴阳空间划分更为细致。我们可以将天井(包括院落)式民居建筑中的空间对照阴阳理论的"四象空间"划分为:"太阴"空间——室内空间(内檐空间),即私密空间;"少阴"空间——廊檐空间(外檐空间),即过渡空间;"少阳"空间——天井空间,即半私密空间;"太阳"空间——户外空间,即开敞空间。天井本为采光和通风之用,但一年四季,一日之内,阴阳冷暖,都可从天井中得之。

在传统庭院式民居建筑群组中,纵横轴线上的厅(或亭)、堂四角都由四根柱子支撑(两侧为正房和厢房),《周礼·考工记》谓之"四阿"屋。这样的内部空间,实为一个简化了的《周易》文王阴阳八卦方位图。"段玉裁的《说文》注:'古者屋四柱,东西南北皆交复也。'故每进堂屋的四根柱子把内部空间的平面区域划分为西南(左下)、西北(左上)、东北(右上)、东南(右下)四个方位,此即八卦方位的'四隅'。清人王国维在《明堂庙寝通考》中把'室之西南隅谓之奥,西北隅谓之屋漏,东北隅谓之宧,东南隅谓之窔'(《王国维遗书·观堂集林》卷三)"[1]。这里"奥"当为"深",适宜尊者安寝;"屋漏"为西北隅的阳光"漏入";《尔雅》说:'东北者阳,始起育养万物,故曰宧。宧,养也。'"[2]"窔"乃室之门户,宜开宅门。这样的庭院空间,充分体现了中国古代阴阳理论的"四象"时空观和"天人合一"的哲学思想以及"以人为本"的精神要求。

二、民居庭院微观层面的文化审美

微观层面的文化是指我们日常生活中使用的文化概念,主要指人们的精神生活、精神生产和精神成果,及其在日常生活中的表现形式。微观层面的文化审美包括对不同地域和不同民族文化的不同文化风格的审美;对同一文化内部各文化层次的审美;以及对日常生活(包括日常生活、社会

---

[1] 张灿中. 江南民居瑰宝——张谷英大屋 [M]. 长春:吉林大学出版社,2004:87.
[2] 同上

生活、精神生活）生产方式的审美[1]。传统民居庭院微观层面的文化审美主要体现在其审美特征等方面。

建筑的审美属性在于建筑审美文化的自然适应性、社会适应性和人文适应性。建筑艺术的主要特点是指按照美的规律，通过对建筑的环境选择与群体组织、内外空间组织、平面和环境布置、形体和结构造型、立面风格处理等独特的艺术语言，使建筑形象具有文化价值和审美价值，具有象征性和形式美，体现出民族性和时代感[2]。从审美价值角度分析，哲学意义上的价值，指客体或客体属性能满足主体需要的肯定性，因此建筑美在本质上是建筑的审美属性与人的审美需要相契合而生的一种价值。建筑美学以建筑审美活动作为研究对象和逻辑起点。建筑的审美特征（建筑美的表现形态）表现在建筑艺术的造型美、建筑造型的意境美、建筑与环境有机融合的和谐美、建筑内外空间的功能美等方面。从文化审美角度分析，建筑的审美特征是微观层面文化审美的体现。

文化审美与审美主体的审美环境、审美需要、审美理想、审美能力及审美习惯等密切相关，由于审美主体的审美环境、审美需要、审美理想和价值观念不同且日趋多样化，所以建筑审美标准也是历史的、具体的和发展变化的。在审美特征上，建筑美是建筑的审美属性（物质形态）在精神意义上的体现，是物质形态和精神内容的统一，是实用与审美的统一，是技术美与艺术美的统一。建筑审美就精神感受而言，是非功利和超功利的；就精神内容而言，又是功利的。传统民居庭院式布局一方面体现了建筑对气候、地理、环境和建筑材质等方面的自然适应性以及对价值追求、情感需要、审美理想等方面的人文适应性；另一方面也适应了当时的经济社会诸方面的结构特点，具有诸多优势和潜能，体现了传统文化的审美价值取向，是文化审美观与功用价值观的统一。

传统民居庭院的审美特征可以从以下几个方面得以分析。

（一）场所调适与可持续发展潜能

传统庭院式民居建筑群组以家为单位，以院落、天井来组织空间，以街道、巷道组成建筑群组的空间网络，具有诸多的场所调适潜能。以湘江流域街巷式传统村落（大屋民居）建筑群组为例，街道一般位于建筑群组前面或者联系建筑群组的左右，起对外交通的功能。建筑群组中有若干条主次巷道，主巷道与街道连接。众多的小巷道横跨主巷道，与主巷道一起形成棋盘格局，组成建筑群组内的交通网，布局紧凑，节约用地。内部按"血缘关系"设"坊"，以巷道地段划分聚居单位（家支用房），分区明确，适

[1]　杨岚．文化审美的三个层面初探[A]//南开大学文学院编委会．文学与文化（第7辑）[C]．天津：南开大学出版社，2007：303-313.

[2]　彭吉象，郭青春．美学教程[M]．北京：中央广播电视大学出版社，2004：89.

应了当时社会生产和生活的需要。利用庭院、天井和巷道采光、通风，以天井为中心组成单元，邻里关系良好[1]。同时，建筑群组依地形而建，以较小的天井组成单元，且多为楼房，具有低层高密度的特点，与低层独立式布置相比较，用地效益较高。尚廓、杨玲玉等人研究指出：在同样大小的方形基地上，按南北方折中比值布置标准四合院，建筑占地面积与庭院占地面积分别占70%和30%，如采用西方低层独立式布置，则建筑与外院占地百分比适得其反。如将70%的建筑占地改用独立式布置，则周边所余空地已无法利用(图5-2-1)[2]。建筑群组以家族的主堂屋或祠堂为中心，利用天井（院落）组成单元，向外比邻扩展，同律同构，适应了持续发展的需要。体现了文化审美中人们对社会生产和生活方式的审美追求，是物质形态和精神内容的统一。

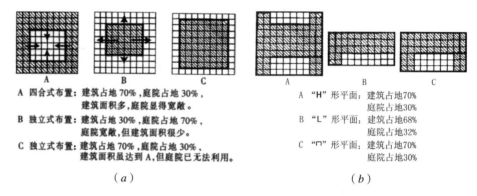

（a）
A 四合式布置：建筑占地70%，庭院占地30%，
　　建筑面积多，庭院显得宽敞。
B 独立式布置：建筑占地30%，庭院占地70%，
　　庭院宽敞，但建筑面积很少。
C 独立式布置：建筑占地70%，庭院占地30%，
　　建筑面积虽达到A，但庭院已无法利用。

（b）
A "H"形平面：建筑占地70%
　　庭院占地30%
B "L"形平面：建筑占地68%
　　庭院占地32%
C "凵"形平面：建筑占地70%
　　庭院占地30%

图5-2-1　庭院式布局中建筑与庭院占地面积比较
（a）庭院式与独立式占地比较；（b）不同平面类型的院落式占地比较
（图片来源：尚廓，杨玲玉．传统庭院式住宅与低层高密度 [J]．建筑学报，1982(5)：51-60）

（二）生态景观与审美怡乐效能

"庭院还是组群内部渗透自然、引入自然的场所，具有调适自然生态和点缀自然景观的潜能。"[3]借助庭院，建筑与自然、围合与开敞、室内与室外、公共与私密均达到和谐。庭院和天井边的隔扇门窗，使室内表现出更为生动的光线效果。庭院和天井成为家庭生活的美化中心，来自外部的天然光线把人们的视线从琐碎的家庭杂物中引向外部庭院的景物，光的清晰感有助于看清内外装修的细部，并增加了绿化在天井中的美感[4]。在日常生活中，庭院或天井"起着'露天起居室'的作用，成了家

[1]　伍国正，吴越．传统村落形态与里坊、坊巷、街巷 [J]．华中建筑，2007 (4)：92.
[2]　尚廓，杨玲玉．传统庭院式住宅与低层高密度 [J]．建筑学报，1982 (5)：51-60.
[3]　侯幼彬．中国建筑美学 [M]．哈尔滨：黑龙江科学技术出版社，2002：78.
[4]　荆其敏．中国传统民居 [M]．天津：天津大学出版社，1999：25.

务劳作、晾晒衣物、养殖家禽、副业生产、儿童嬉戏、休憩纳凉和庆典聚会的场所。"[1] 传统建筑的生态美与和谐美在这里得到明确体现，场所价值明显。体现了文化审美中人们对日常生活生产方式的审美追求，是实用与审美的统一。

（三）防护戒卫与环境保护功能

在易受自然灾害袭击和其他不安因素侵犯的社会里，传统民居庭院式建筑群空间，具有明显的居住防御性功能——"昼防流寇，夜防盗贼"，体现了民居建筑文化审美的自然适应性和社会适应性。考察湘江流域传统庭院式民居建筑群组，其防御体系大致有三层：第一层次是村落的入口门楼（守夜楼）、四周的建筑外墙和围墙，加上周边的山峦，形成外围的整体防御，如江永县兰溪瑶族乡兰溪村、江华瑶族自治县大圩镇宝镜村和道县清塘镇小坪村。第二层次是村内纵横交错、迷宫式的巷道。巷道通常采用"T"字形或"卍"字形，宽窄不一，这种做法可以有效地迷惑敌人，大大增加了村落的防御性。第三层次是内部以巷道地段划分的以庭院或天井为中心对外相对封闭的家庭居住空间，有的村落在内部的主要巷道入口加设巷道门（坊门），如江永县夏层铺镇上甘棠村，道县的祥霖铺镇田广洞村、清塘镇小坪村。民居院落空间的这种防御性特征，是传统文化因素中的心理安防意识在具体环境中的物化体现，是中国传统哲学观念和生态环境观念的有机结合[2]，是中国传统建筑艺术的表现，是文化审美观与功用价值观的统一，其"建筑形态的内向品格，艺术表现的时空交织，室内外空间的有机交融，建筑序列的起、承、转、合，以及自然景观的收纳渗透等等，都表现出庭院式布局审美上的独特意蕴和巨大潜能。"[3] 同时，建筑群组依地形而建，充分利用地形和环境特点，因地制宜，起到了保护环境的作用。体现了文化审美中人们对建筑生成环境系统的审美追求，是技术美与艺术美的统一。

庭院式布局是中国古代建筑群布局的灵魂，是中国传统居住型建筑的特点之一，体现了中国传统文化的价值观和民族精神、艺术哲理和审美理想，体现了中国传统建筑艺术的文化价值和审美追求。传统民居建筑的自然地理环境及其存在的形制和形态是其审美特征的外在表现形态，是其建筑审美的建筑形象要素（建筑审美属性），而通过建筑形象要素所表现出来的建筑观念、设计思维、文化精神、艺术哲理和审美情趣，是其存在和发展的目标和价值旨归，是其文化审美的核心要素。中国传统民居庭院式

[1] 侯幼彬. 中国建筑美学 [M]. 哈尔滨：黑龙江科学技术出版社，2002：78.
[2] 伍国正, 余翰武, 周红. 湖南传统村落的防御性特征 [J]. 中国安全科学学报,2007(10)：9-13.
[3] 侯幼彬. 中国建筑美学 [M]. 哈尔滨：黑龙江科学技术出版社，2002：79.

布局体现了建筑文化审美方面的自然适应性、社会适应性和人文适应性功能，其审美特征体现了文化审美观与功用价值观的统一。

加强对传统民居的建筑观念、文化精神、美学特征和审美价值研究，如环境保护与可持续发展的审美价值研究，有助于扩大传统民居研究的视野，拓展传统民居研究的内容，培育一种新的建筑审美价值观和建筑"审美判断"标准，如生态环境和可持续发展的标准，丰富建筑美的多元的丰富性内涵，满足人们丰富且日趋多样化的建筑审美需求，创新建筑文化，包括建筑审美文化，丰富人类建筑文化的总宝库。

第三节　传统民居建筑装饰的文化审美

装饰是建筑艺术表现形式之一。中国传统建筑通过装修装饰，很好地点缀了"建筑"，突出了"建筑"的艺术形象和文化内涵。本节从文化审美的中观和微观两个层面论述湘江流域传统民居建筑装修装饰的文化审美意蕴和价值取向。中观层面的建筑装修装饰文化审美揭示的是建筑中所蕴含的中国传统文化的民族性格和哲学思想。微观层面的建筑装修装饰文化审美揭示的是地域传统建筑的艺术风格和审美特征。

一、民居建筑装饰中观层面的文化审美

（一）体现中国传统文化的民族性格

李泽厚先生研究认为：建立在"礼乐传统"基础上的华夏美学同样充满着实践理性精神，从一开始便排斥了各种过分强烈的哀伤、愤怒、忧愁、欢悦和种种反理性的情欲的展现，儒家美学所承继和发展的是非酒神型的文化，虽经庄子、屈原和禅宗的渗入而并未改变，不像欧洲古典美学中酒神文化在表达情感时的癫狂、自虐、追求恐怖和漫无节制的情感奔泻[1]。众所周知，在中国古代，皇权从来都是高于神权的，人性论是中国传统文化的基础，也是其核心之一。历来中国人都非常注重把人和现实生活寄托于理想的现实世界，追求情感符合现实身心和社会群体的和谐协同，既不排斥感性欢乐，重视满足感性需要，而又同时要求节制这种欢乐和需要。表现在建筑上，建筑考虑"人"在其中的感受，更重于"物"自身的表现。这种人文主义的创作方法有着其深厚的文化渊源。例如，在建筑材料上，中国传统建筑用木材，不追求其永久性，是非永恒的思想，是中国文化基

---

[1]　李泽厚. 华夏美学（插图珍藏本）[M]. 桂林：广西师范大学出版社，2001：34-35.

础中非永恒观决定的。梁思成先生曾经说："古者中原为产木之区，中国结构既以木材为主，宫室之寿命固乃限于木质结构之未能耐久，但更深究其故，实缘于不着意于原物长存之观念。"[1] 在建筑审美行为方面，中国人偏于抒情，偏于寄托理想。从宏观的规划到单体建筑的装修、装饰，都可看到对理想美的追求。如皇家建筑中的龙、凤雕饰，以及各地建筑上以"吉祥如意"为主题的"福、禄、寿、喜"及诗画装饰等等，都充分体现了中国建筑是以人为中心，反映了人们对现实生活的热爱和对美好生活的憧憬，体现了中国传统的哲学思想和美学精神。正如梁思成所说："盖建筑活动与民族文化之动向实相牵连，互为因果者也。……中国建筑之个性乃即我民族之性格，即我艺术及思想特殊之一部，非但在其结构本身之材质方法而已。"[2]

文化基因的不同是形成地域文化景观千差万别、多姿多彩的根本原因。文化传播和文化互动是地域文化多样性的直接原因。受中原文化、封建礼教、宗族观念的长期影响，以及农耕社会自给自足的封闭特点，举族迁移开拓等历史原因，湘江流域传统民居，尤其是大屋民居，在环境选择、空间布局和装饰装修等多个方面体现了中国传统建筑的文化审美意蕴。它们是土木建筑的技术成就，也是地域民俗文化的艺术精品，其建筑装修装饰审美体现了大屋历代主人对建筑审美的艺术追求以及与社会和谐发展的价值取向。

211

（二）体现中国传统哲学思想

如前所述，强调人与自然不可分割和有机统一的"天人合一"是中国传统文化的审美理想和最高境界，是中国古代基本的哲学思想，它体现了人与天地、自然，以及宇宙的和谐。中国古代儒、道两家都讲究"天人合一"。《孟子·尽心》中有："上下与天地同流。"老子《道德经》说："天然耳，……以天言之，所以明其自然。"《老子》又称："人法地，地法天，天法道，道法自然。"《庄子·齐物论》说："天地与我并生，而万物与我为一。""这里'天'是无所不包括的自然，是客体；'人'是与天地共生的人，是主体。天人合一是主体融入客体，形成二者的根本统一。"[3]

关于人与住宅的关系，《黄帝宅经》云："夫宅者，乃是阴阳之枢纽，人伦之规模。""人因宅而立，宅因人得存，人宅相扶，感通天地……"表现在建筑装修装饰方面，多采用"太极"、"八卦"图式装饰。"太极"，儒家称之为"太一"。"太一"乃天地未分之前的太古之时的混沌之气，是宇宙万物的本体。古人认为，太极图由于阴阳两面方位的移动和变换，阴（黑）

[1]　梁思成.梁思成文集 [M].北京：中国建筑工业出版社，1985：11.
[2]　梁思成.中国建筑史 [M].天津：百花文艺出版社，2005：3.
[3]　蔡镇钰.中国民居的生态精神 [J].建筑学报，1999（07）：53.

中有阳（白），阳中有阴，阴阳互动，故代表天地一体，造化万物。八卦图是中国古代儒家论述万物变化的重要经典，《周易》中用"—"和"--"符号组成八种基本图形，亦称八卦，象征八种自然现象，以推测自然和社会的变化。古人认为，阴、阳两种势力的相互作用、周期循环，是产生万物的根源。《易传·系辞下》中有"古者包牺氏之王者天下也，仰则观象于天，俯则观法于地，观鸟兽之文与地之宜，近取诸身，远取诸物，于是始作八卦，以通神明之德，以类万物之情。"太极和八卦组合成了太极八卦图，又为以后的道教所利用。道家认为，太极八卦意为神通广大，镇慑邪恶，能为人保平安、佑富贵。考察湘江流域传统民居，采用"太极"、"八卦"图式，或"太极八卦"组合图式，或"八卦"中的"乾"、"坤"图式装饰的，比比皆是，体现了中国传统的"天地人合一"的哲学思想。

二、民居建筑装饰微观层面的文化审美

传统民居建筑装饰微观层面的文化审美主要体现在其审美特征等方面。传统民居建筑装饰一方面体现了对建筑环境和建筑材质等方面的自然适应性，体现了当地的建造技术和艺术传统，是技术美与艺术美的统一；另一方面也体现了当地的文化传统、民俗民风、价值追求、审美理想等方面的人文适应性，体现了传统文化的审美价值取向，是文化审美观与功用价值观的统一。湘江流域传统民居建筑装饰的审美特征主要体现在以下几个方面。

（一）装饰艺术体现结构逻辑和构造做法，体现"真善美"的统一

中国传统建筑是土木技术的集大成。建筑"装修通常和装饰结合在一起，使建筑空间形象更加丰富和完美"。将"实用与艺术相结合，结构与审美相结合，重点与一般相结合"[1]。装饰艺术体现结构逻辑和构造做法，两者有机统一，体现了"制体宜坚"、"坚而后论工拙"（李渔《闲情偶寄·居室部》）的审美意匠。湘江流域传统民居的建造做法较好地结合了当地"大陆型亚热带季风湿润气候，严寒期短，无霜期长，雨量充沛，夏季潮湿闷热，而且延续时间较长"的气候特点和地区的民俗与审美文化，木结构在构造上多采用镂空雕刻做法，如室内的藻井、檐口柱头的斜撑（或雀替）、檐枋等处，并加以象征，表现了装饰艺术的式样设计与结构逻辑和构造做法的有机统一，特点明显，是"真善美"的统一。

（二）装饰赋予情趣，体现生活气息与审美理想

湘江流域传统民居的装饰集中在门窗、柱础、梁枋、脊檩、天花、藻井、家具、墙头及陈设等处，在结合当地的气候特点和民俗传统的基础上，充

---

[1] 陆元鼎. 中国民居建筑（上）[M]. 广州：华南理工大学出版社，2003：152-153.

分运用中国传统的象征、寓意和祈望等手法，运用当地的建筑材料，雕刻与绘画等民间工艺相结合，图文并茂，表现了民族的哲理、伦理思想和审美意识，突出体现了中国传统建筑装饰装修的审美观和文化内涵，主要表现在：

1. 建筑突出门户

传统民居建筑不仅注重环境和朝向，而且强调入口，突出门户。湘江流域传统民居的入口都处理得非常精致。很多大门做成内凹的八字形，向外敞开，具有回避、让步、停留和观望的实际功能。几乎所有大屋民居的槽门（入口门屋）两端都用硬山式，如张谷英大屋主体建筑全为悬山式，但"王家塅"在入口第二道大门的左右山墙上设置金字山墙，采用具有浓厚的地方色彩、形似岳阳楼盔顶式的双曲线弓子形，谓之"双龙摆尾"；其上新屋的前面沿渭洞河河岸全都用金字山墙，外观都非常醒目。浏阳市大围山镇楚东村锦绥堂涂家大屋入口门屋虽为悬山式，但两侧的八字形影壁墙头起翘。湘江流域合院式民居的入口门庐（墙门）造型也通常采用"三山式"或"五山式"，墙角起翘并做重点装饰。民居建筑硬山墙头起翘较大，造型生动；墀头正、侧面多堆塑人物、山水、动植物等图案，形象逼真，具有一定的精神和心理上的功能（图5-3-1、图5-3-2）。墙头起翘及墀头装饰的硬山设置，美化了建筑的立面，丰富了民居建筑的天际线。

图5-3-1　炎陵县三河镇霍家村民居墙角　　图5-3-2　嘉禾县珠泉镇雷公井村民
　　　　　灰塑组图　　　　　　　　　　　　　　　　居墙角灰塑组图
　　（图片来源：炎陵县住建局）　　　　　　　　（图片来源：嘉禾县住建局）

另外，民居的入口大门多用经过造型和雕饰的石门框、石门枕、抱鼓石、石狮或麒麟、铺首等装饰，强调了入口，突出了门户。

2. 装饰赋予情趣

中国建筑的装修发展缓慢，从唐代的版门、直棂窗，到宋代《营造法式》中的乌头门、格子门、睒电窗、水纹窗、阑槛钩窗等；从先前的屋架"彻上明造"到宋代的藻井、平棊、平闇等;从大空间不作分隔,到采用木隔断、屏风等等,装修形式和技术逐渐向前发展。尤其是到了清代,不仅门类增多,而且装饰性增强,带有各种寓意的动物图案、植物纹样成为室内外装修不可缺少的内容,这些正是人们追求建筑理想美的产物,通过装饰题材的寓意,寄托着使用者对理想美的追求。

雕梁画栋,是民居建筑艺术美的重要组成部分。湘江流域大屋民居内木雕、石雕、砖雕、堆塑、彩画等装饰比比皆是,令人目不暇接。雕刻字迹线条清晰,图纹多样,栩栩如生;彩画生动自然,反映生活。梁枋、门窗、隔扇、屏风、家具及一切陈设,皆是精雕细画。题材如:龙凤、祥云、八仙、太极、八卦、四星、天官、历史人物、八骏、麒麟、蝙蝠、鲤鱼、蝴蝶、鸿雁、喜鹊、仙鹤、仙鹿、金猴、金蟾、吉象、金瓜、葫芦、牡丹、葡萄、莲蓬、石榴、松菊竹梅兰、琴棋书画、诗词歌赋等等,所有景象体现生活气息,民族风格极浓,具有很高的艺术研究价值。考察湘江流域传统民居,可以将其建筑装饰装修的审美价值取向归纳为如下几类:

(1)表现"吉祥如意"。"吉祥如意"是人们的生活理想,多采用"比附性象征"的表现手法,"用形象来喻指某种确定的观念或意义,其意义的获得主要依靠主体联想与想象,形象与意义间的联系的建立主要依靠约定俗成,人们通过习惯性联想而获知其内涵。"[1]如吉祥物、谐音物、象形物或象形文字等(图5-3-3~图5-3-9)。比附性象征应用得较为广泛,而"福、禄、寿、喜"是其表现的主题。

(2)寄情自然山水,象征"清高雅洁"。 中国自古就有将人的品格与自然山水相联系,借物抒情,表达审美理想的做法。两千多年前,孔子的"智者乐水,仁者乐山"(《论语》)成为后世模拟和效仿的典范。从皇宫内院到乡村茅宅,从园林逸趣到居家生活,人们借景抒情、托物寄兴之风盛行。寄情自然山水,托物以比拟人品、人格,成为各朝文人雅士装点门户的审美追求。

图5-3-3 平江县黄泥湾叶家大屋内的檐枋组图
(图片来源:作者自摄)

---

[1] 刘晓光,姜宇琼.中国建筑比附性象征与表现性象征的关系研究[J].学术交流,2004(4):133.

214

图5-3-4　汝城县文市司背湾村民居隔扇门绦环板上雕刻

（图片来源：汝城县住建局）

图5-3-5　永兴县东冲村民居隔扇门绦环板上雕刻

（图片来源：永兴县住建局）

图5-3-6　永兴县高亭乡板梁村民居隔扇门绦环板上雕刻组图

（图片来源：作者自摄）

图5-3-7　浏阳市锦绶堂涂家祠堂内的
檐枋

（图片来源：作者自摄）

图5-3-8　浏阳市桃树湾刘家大屋
山墙装饰

（图片来源：作者自摄）

　　这种审美多采用"表现性象征"的表现手法，"用形象的隐喻、暗示、激唤机能去引发主体的想象与情感体验，传达某种不确定的情感或意蕴，其内在机制是作品特征图式与主体心灵图式的同构契合。"[1]"清高雅

[1]　刘晓光,姜宇琼.中国建筑比附性象征与表现性象征的关系研究[J].学术交流,2004（4）:133.

图5-3-9　沈家大屋内隔扇窗
（图片来源：作者自摄）

洁"是其表现的主题，而"松、菊、竹、梅、兰、莲、牡丹、琴、棋、书、画、诗、词、对联"等是其表现的内容（图5-3-10～图5-3-15）。

（3）体现"与神同在"。古代社会，科学技术不发达，生产力水平低下，人们对风雨雷电等各种自然灾害认识不清，甚至无法逃避。为了生存和实现理想，各种自然神和教派应运而生。在中国，随着佛教的进入和传播，敬神拜佛成了当时人们的一种精神信仰和寄托，每当遇到不幸之时，只好求神佛来保佑，因之与神同在便成为当时人们的审美理想之一。家家敬神供祖，引神入室。在民间建筑装修装饰中，多采用"符号性象征"的表现手法。最常见的是加上所谓"佛八宝"和"暗八仙"的雕饰（将莲花、法轮、海螺、雨伞、盘肠、双鱼、罐、盖等称为佛八宝；将宝剑、扇子、云板、葫芦、荷花、渔鼓、花篮、笛子等代表传说中的八位仙人，称为暗八仙）[1]。

湘江流域传统民居中对于神的信仰和寄托有两种方式，一种是直接在家中供奉神像，逢时过节祭拜；另一种是在建筑构件上实绘明八仙图，或者雕刻"佛八宝"和"暗八仙"图案。如浏阳市大围山镇楚东村锦绥堂大屋藻井上的彩画八仙、岳阳县张谷英大屋隔扇门上的明八仙雕刻（图3-1-7）、湘南许多祠堂入口处的额枋上立"八仙"塑像等。"佛八宝"和"暗八仙"雕饰图案多出现在隔扇门窗的绦环板上、柱础上、大门两侧的抱鼓石及其鼓座和基座上。

图5-3-10　桂阳县正和镇阳山村民居隔扇门绦环板上的雕刻
（图片来源：桂阳县住建局）

[1]　郭黛姮. 中国传统建筑的文化特质 [A]// 吴焕加，吕舟. 清华大学建筑学术丛书：建筑史研究论文集（1946-1996）[C]. 北京：中国建筑工业出版社，1996：161.

图5-3-11　浏阳市锦绶堂大屋的檐枋组图
（图片来源：作者自摄）

图5-3-12　浏阳市沈家大屋的檐枋
（图片来源：作者自摄）

图5-3-13　汤氏家庙内的檐枋　　　图5-3-14　资兴市星塘村民居隔扇门绦
（图片来源：作者自摄）　　　　　　　　　　环板上雕刻
　　　　　　　　　　　　　　　　　　　　（图片来源：作者自摄）

图5-3-15　茶陵县乔下村陈家大院檐下雕刻与书画装饰

（图片来源：茶陵县住建局）

　　另外，在湘江流域传统民居中，还常常可见各种形态各异的历史人物和历史戏剧场景的雕刻或绘画，显然，这些历史人物已是神的形象存在于人们的心目中了（图 5-3-16 ～图 5-3-19）。

　　中国传统民居建筑装饰装修将实用与艺术相结合，结构与审美相结合，是建筑的审美特征在物质形态与精神内容、实用与审美、技术美与艺术美等多方面的统一，属于其文化审美的微观层面。通过建筑装修装饰的形象要素所体现的中国传统文化的哲学思想、民族精神和审美价值观，是其存在和发展的目标和价值旨归，是其文化审美的核心要素，属于中观层面的文化审美。

图5-3-16　桂阳县正和镇阳山村民居隔扇窗上的雕刻

（图片来源：桂阳县住建局）

图5-3-17　浏阳市沈家大屋隔扇门绦环板上的木雕组图
（图片来源：作者自摄）

图5-3-18　浏阳市沈家大屋罩门上的雕刻
（图片来源：作者自摄）

21世纪的竞争将取决于"文化力"的较量。"文化体系一方面可以看作活动的产物，另一方面则是进一步活动的决定因素。"地域传统建筑是地域文化的重要物质载体，隐于传统建筑之后的是创作者的灵魂和精神，体现了民族文化心理、时代的精神气质和文化特点。在当今建设和谐社会的进程中，加强对地域传统建筑的建筑观念、文化精神、美学特征和审美价值等方面的文化审美研究，突出其文化意义，有利于继承传统建筑文化，满足人们丰富且日趋多样化的建筑审美需求，创新建筑文化；有利于建立

图5-3-19　宜章县樟涵村新屋里民居窗楣上方灰塑人物场景
（图片来源：作者自摄）

与现代化相适应的道德价值观念和文化审美观念，促进社会和谐发展；有助于存留其文脉意蕴，提升地域发展竞争力。

第四节　传统建筑的门饰艺术及其文化内涵

门，作为联系建筑内部空间与外部环境的通道，在建筑平面组织和空间序列中担负着引导和带领整个主题的任务，它犹如一本书的序言、艺术作品的开头，如音乐、戏剧的楔子一样，是序曲和前奏。中国古典建筑就是一种"门"的艺术，在古典建筑的"门堂之制"中，"门制"成为平面组织的中心环节，"门"同时也代表着一种平面组织的段落或者层次[1]。它是人们进出建筑的第一印象，好比一个人的脸面，需做重点装饰。中国传统民居是中国传统建筑文化中的瑰宝，门的装饰艺术（这里简称"门饰艺术"）及其文化内涵体现在门扇、门枕石、门框、门簪、门头、门脸等多个方面。人们可以通过门的形制和装饰特点领略建筑的性质和艺术风格，以及建筑主人的身份和地位。《黄帝宅经》云："宅以舍屋为衣服，以门户为冠带"，道出了大门具有显示形象的作用。传统民居建筑门饰艺术的形式和内容反映了中国传统礼制文化的内涵和地域文化的特征，表现着人们的审美情趣和理想追求，是众多文化符号的载体。

湘江流域传统民居建筑门饰艺术的形式和内容都很丰富。本节在前面分析湘江流域传统民居建筑门窗及其装饰艺术特点的基础上，结合调研资料，分析中国传统建筑门的形制、构造方式和装饰特点，论述中国传统建筑的门饰艺术在体现传统的哲理思想、礼制文化、民俗文化和审美精神等方面的文化内涵。

一、板门和隔扇门

中国传统建筑的门可有多种分类方法。民居建筑的门也是如此，可以从多个角度分类，从门所在的位置上看，可分为牌楼（牌坊）门、坊门、宅门、房门和腰门；从门的构成形态上看，可分为屋宇门、墙门和牌楼（牌坊）门；从门的形式上看，可分为广亮大门、金柱大门、蛮子门、如意门、垂花门等；从门的构成材料上看，可分为木门、铁门、竹门、磁门；从门的构造方式上看，可分为板门、隔扇门和乌头门，等等。门扇的装饰主要体现在板门和隔扇门的构造方式上。

[1]　李允鉌. 华夏意匠：中国古典建筑设计原理分析 [M]. 天津：天津大学出版社，2005：64.

（一）板门的构成与装饰

1.门钉

传统板门有实榻门（拼板门）、棋盘门（镶板门）两种。实榻门是由若干条竖向木板左右拼接，并在其后用若干条横向木条（腰串）串联。为了防止门板松动，用铁钉将门板和腰串钉在一起。但钉帽外露有碍美观，古人于是就将钉帽打成泡头状，看起来像水面上的气泡，古代俗称"浮沤钉"。这种泡头状的钉帽称为"门钉"，门钉本是出自木板门的工艺需要，但是到后来，门钉的装饰性寓意更强，接受了中华文化多方面的给予。首先，它体现了古代的"阴阳五行"观。阴阳观是一种远古质朴的广义相对平衡观，认为世界在有秩序的阴阳对立中发生变化，强调有序和变化，以及阴阳互补。五行说以金、木、水、火、土作为构成世界万物的元素，后来又产生了五行相生相克观点。阴阳观认为单数属阳，偶数属阴。大门双扇，偶数属阴；大门上的门钉多用单数，很少用偶数，属阳；以门钉固定门板是"金胜木"。体现了"阴阳合德，则刚柔有体"（《易·系辞下》）的易学理论，从另一个方面体现了中国传统"天人合一"的美学思想。其次是门钉数目体现着礼制文化，如明清时期，九路门钉只有宫殿可以饰用，用九行九列；亲王府用九行七列；郡王府、世子府用九行五列；公，用七行七列；侯以下至男，递减至五行五列，均以铁制。而普通百姓则不得使用门钉。

2.门钹与铺首

古代门扇的拉手多做成圆环，称"门环"。门环常用黄铜或白铜制作，形状有圆形、椭圆形、六角形、八角形等。门环下常常配以装饰性的底座，叫"门钹"，因形状类似民间乐器中的"钹"，所以也称"响器"。门钹也是进入建筑时最先触到的建筑装饰，来客用门环叩击门钹便可告知屋内主人开门。门钹的材料与门环相同，外形与门环的形状匹配，但中央部分多隆起呈覆碗状，称"钮头"，这样的圆形或多边形底座又称"圈子"（图5-4-1）。钮头和圈子多做成吉祥图案，门扇关紧后钮头和圈子的图案合成一个整体造型。所以，门钹不仅可以固定门环，而且还有装饰等审美功能。传统官式建筑的大门门钹多用兽首形状，如虎首、狮首，左右各一，称为"铺首"，门环衔

图5-4-1　民居大门的门钹、钮头、
门环与门锁

在兽首的口中。但一般百姓家的大门是不能用铺首装饰的。

3. 门色

色彩是传统建筑装饰艺术的重要组成部分，从某种意义上说，中国传统建筑也是色彩装饰的建筑。色彩的运用有着丰富的文化内涵，反映了社会各阶层不同的审美价值取向，成为标识等级观念的象征性符号。大门色彩等级从高到低依次为红、黄、绿、黑。封建时代，宫殿朱门，公侯黄门，如唐代用"黄阁"指宰相府，用"黄阁"借指宰相。明代初年，朱元璋申明官民第宅之制时规定，公侯"门屋三间五架，门用金漆及兽面，摆锡环"；一品二品官员，"门屋三间五架，门用绿油及兽面，摆锡环"；三品至五品，"正门三间三架，门用黑油，摆锡环"；六品至九品，"正门一间三架，黑门铁环"。同时规定，"一品官房……其门窗户牖并不许用髹油漆。庶民所居房舍不过三间五架，不许用斗拱及彩色妆饰"（《明会典》）。所以普通百姓家的大门只能用原始的木色——淡抹，称"白板扉"。建筑中的色彩不但有伦理性，也有民俗性，体现了中华民族的审美文化特征。

（二）隔扇门的构成与装饰

隔扇门是板门与格扇窗结合的一种产物，又称格扇门、格子门、（槅）扇门，姚承祖《营造法原》称之为长窗。延安民间称木制花格为"软"，隔扇为"软门"、"软窗"。隔扇门最迟在唐末五代已经开始应用，宋代称为格子门，清代又叫隔扇，是室内外的分隔构件。隔扇门由竖梃和横梃组成框架，竖梃也称边梃，横梃也称抹头，成双布置。中间横梃又将隔扇分成格心、绦环板（夹堂板，宋称腰华板）和裙板三部分。简单的为三格，上格最长，装透空格心；中格最窄，装绦环板；下格装裙板。多数为五格，即在上下端各再加一绦环板（图 5-4-2）。

经过雕饰的隔扇门起到了点缀建筑的作用，其装饰艺术主要集中在格心和中间的绦环板上。隔扇透光部分的格心是装饰的主要部位之一，约占整个隔扇高度的五分之三，由棂条拼成各种图案。棂条一般分内外两层，中间糊纸、绢，夹纱或安玻璃。室内

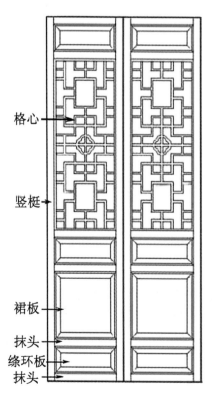

格心
竖梃
裙板
抹头
绦环板
抹头

图5-4-2 格栅门的构成
（图片来源：马未都著《中国古代门窗》改绘）

隔扇多采用夹纱做法，所以又称碧纱橱。也有隔扇门不用绦环板和裙板，而像格心一样使用棂条，称落地明造。格心为浮雕或镂雕，可两面观赏。中间的绦环板也是装饰的重点，以剔地的浮雕为主。在同一组隔扇门（窗）中，左右格心或绦环板上雕刻的内容往往相互联系，组成一组生动有趣的连环图画，如历史戏曲故事、人物图景、渔樵耕读、神话传说、仙人神兽、福禄寿喜、琴棋书画、四时花卉、岁寒四友等反映生活、祈福纳祥、体现屋主爱好和性格的图案。如永州市江永县上甘棠村 132 号住宅的六扇隔扇门的绦环板和格心棂条的图案与构图左右均衡，雕饰的内容左右呼应，主题突出，反映了屋主的人生理想和生活情趣（图 5-4-3）。

　　唐代隔扇门的格心多为直棂、方格，裙板较少装饰，风格质朴。宋代以后的格心多为镶嵌雕花的棂条拼成各种图案，裙板上有人物或动物图形，或雕刻，或绘画，风格华丽。隔扇门装饰装修的风格，由质朴向华丽的方向发展，体现了人们对于建筑形象的艺术追求。

图5-4-3　上甘棠村132号民居六扇隔扇门绦环板上的三组浮雕

（图片来源：作者自摄）

二、门枕石、门框和门簪

（一）门枕石

门两侧门框下的承托门转轴和承受门框重量的方形石墩或木墩，叫门墩。为了承重和防潮，门墩通常用石料制作。门墩因其傍于大门门框侧下，如枕，所以叫"门枕"。石制门墩又叫门枕石或称砷石。左右门枕石可以在地下部分连成一体，地上部分多雕刻成须弥座的圭脚状。在门内的部分装饰简单，用线脚、花草人物图案或如意云纹等做美化，但在门外的一半是装饰的重点。普通百姓家中的门枕石内外装饰都较简单，而官宦人家的门枕石外半部分多用抱鼓石装饰，抱鼓石可以和门枕石结合在一起制作，也可单独制作后安放在门枕石上。在讲究"礼乐"文化的封建社会，抱鼓石是主人身份的体现，象征权力和地位。门前一对抱鼓石，立的是功名标志，无功名者门前是不可立"鼓"的。"倘若要装点门脸，显示富有，也可以把门枕石起得像抱鼓石那样高，但是傍于门前的装饰性部分要取方形，区别于'鼓'，再高仍称'墩'。"[1] 权贵人家的祠堂大门外侧抱鼓石上还可以安放较大的石狮作为守门兽，如祁阳县潘市镇龙溪村李氏宗祠（序伦堂）、汝城县土桥镇土桥村李氏宗祠和郴州市北湖区鲁塘镇村头村何氏宗祠的大门前石鼓顶部各雕卧一个较大的昂首狮子。而普通官宦家门外抱鼓石上，狮子只能做得很小，有时只能在圆形的抱鼓石上雕出一个小狮子头，如衡南县宝盖镇宝盖村廖家大屋主入口，汝城县土桥镇的金山村李氏家庙（陇西堂）、土桥村何氏家庙、马桥镇高村宋氏宗祠、田庄乡洪流村黄氏家庙，资兴市东坪乡新坳村胡氏宗祠，以及宁远县湾井镇久安背村李氏宗祠（翰林祠）的大门两侧石鼓顶部都各雕一个小狮子头。

门枕石地上部分常以门槛（门下槛）连接，门槛可以是木制，也可以是石制，石制门槛多做雕刻装饰。在古代世俗文化中，门槛是不能踩踏的，其高低也是建筑主人身份和地位的体现。富贵人家的门高大，门槛一般做得较高，且多为不易活动的石门槛，普通百姓家因平时劳作的需要，常设不高的活动木门槛。"槛横伏于门口，迈进去，退出来，最容易使人联想到界线，里外的、区域的界。"[2] "在传统祭祀建筑中，门槛具有隐喻之意，跨进它，你就在神的面前。跨入大门之前要做好朝圣的准备。"[3] 这种高门槛，能防雨水的灌入，也能减少地面尘土的吹入。

（二）门框、门簪

门框是砌嵌在墙壁内用以安装门扇的方形木框或石框，一般有上、中、

---

[1] 吴裕成. 中国的门文化 [M]. 天津：天津人民出版社，2011：59.
[2] 吴裕成. 中国的门文化 [M]. 天津：天津人民出版社，2011：43.
[3] 朱广宇. 中国传统建筑门窗、隔扇装饰艺术 [M]. 北京：机械工业出版社，2008：7.

下三个横槛，下槛即门槛，中槛也叫门楣。中槛和上槛之间的空间，常镶木板（称为"走马板"）或镂空透雕，在陕西窑洞民居中称为"门斗"，南方民居中也称"摇头"，现代建筑中称"亮子"，是门上方的采光玻璃。简单的门框只有门下槛和门上槛。民居中的门框和门摇头也是门户的装饰所在，如安徽、江西、湖南、湖北地区民居中的石门框上槛多做成叠涩状，并做雕刻。门摇头上多雕刻有反映建筑主人审美理想和人生追求的吉祥图案，或书写反映建筑主人所喜爱的人生格言和理想愿望。

位于大门中槛上突凸的构件，因其功能似妇女头上的发簪，取名为"门簪"。没有中槛时，门簪位于上槛或门上方的过梁上。通过门簪，将安装门扇上轴所用连楹固定在门楣上，门簪成双布置，一般用两枚，有的建筑有四枚或八枚门簪。门簪有方形、长方形、菱形、六角形、八角形、花瓣形、曲线多边形等样式，正面和侧面或雕刻，或描绘，饰以花纹和动植物图案。只有两枚时，往往雕刻"吉祥"、"平安"、"福寿"、"戬穀"等字样；或雕刻八卦中"乾坤"符号；或雕刻"太极图"；或雕刻人、动植物组合成寓意吉祥的图案等。有时"太极图"和"八卦图"组合出现，这种做法在湘江流域传统大屋民居的门簪上较多出现。四枚分别雕以春兰、夏荷、秋菊、冬梅等，图案间还常见"吉祥如意"、"福禄寿喜"、"天下太平"等字样[1]。作为具有结构功能的构件，一个门洞上只需两个门簪便可以起到固定连楹的作用，门簪数量的变化，反映了其由实用性向装饰性的过渡。

民居建筑大门上方的门簪和下方的门枕石（包括抱鼓石）在门面上下遥相呼应，在古代民间俗称为"户对"和"门当"。户对的多少，门当的形式和大小，以及雕刻的图案式样，体现了建筑主人的身份、地位、财势和家境，所以"户对"同"门当"一样体现了传统的礼制文化。"门当户对"标志门第身份，并在男女婚配中转义为出身相当的俗语。

三、门头和门脸

"门堂之制"是中国传统建筑的特点，有堂必有门，有院必有门——门堂分立。从门的建筑形态上看，屋宇门为一开间或多开间的门屋，其规模和等级主要体现在门屋的开间数和屋顶的形式上，所以人们都企图将门屋扩大，并突出屋顶的形式，以此来突出自己的声望和权威。但各朝都有明文约束，超出规定就是"僭奢逾制"，就是一种犯禁。如在唐至宋、元期间，人们曾把门屋的屋顶做成"T"字形，以屋"山"来强调入口[2]。

225

但是，如果一幢建筑的门开在外墙上，成为墙门，要想突出入口，除了在门扇、门枕石、门框和门簪等处作特别强调外，就是在门的上方做文章了。早期做法是从门上方的墙壁上伸出一单坡屋顶，由左右两个"牛腿"或者斜撑承托。这个门上的小屋顶，称为"门头"，也称为"门罩"，它不但具有遮阳避雨的功能，而且也有装饰作用，它使大门更为显著且比较气派（图3-7-21）。后来门头遮阳避雨的功能逐渐消退，演变成为一种单纯的装饰部分，因此门头的屋顶挑出得越来越小，其屋檐下的装饰越来越复杂，并且不再使用木料，而全部用砖筑造，形成砖雕门头（图2-1-32、图2-1-33）。有时砖雕门头模仿中国传统木构建筑形式，两边为垂柱，柱间有横枋，屋檐下有橼头、檐枋和斗拱，屋檐上有瓦和屋脊，脊两端有吻兽，屋角起翘，很像一座木结构的垂花门门头[1]（图5-4-4）。门头式样和雕饰的内容同样是封建社会礼制文化的体现，富贵人家的门头大，且雕饰精细，内容丰富，寓意深刻。

门头是门框上方的装饰构件，如果将门头两边的垂柱向下延伸，在门框两侧形成壁柱，使大门上方和两侧都有装饰，门头就变成了"门脸"。门脸的式样常见的是用石料做成门框，在门框的左右将门头两边的垂柱向下延伸至地面形成薄壁柱，门框的上方是门头。这样，两侧的薄壁柱与门头组成了一副两柱一开间的"牌楼"罩在大门上，称为"牌楼式门脸"（图5-4-5）。这种牌楼式门脸由两柱一开间单檐屋顶（即"两柱一间一楼"）逐渐发展为"四柱三间三楼"、"四柱三间五楼"，甚至"六柱五间六楼"等多种形式，使大门的艺术表现力得到了充分发挥（图5-4-6、图5-4-7）。

226

图5-4-4　湖北通山县舒家老宅垂花式
门头
（图片来源：作者自摄）

图5-4-5　江西婺源县上晓起村砖雕
"牌楼式门脸"
（图片来源：作者自摄）

[1]　楼庆西. 中国建筑的门文化 [M]. 郑州：河南科学技术出版社，2001：69-76.

图5-4-6　汝城县马桥镇高村宋氏西莊公祠 入口
（图片来源：作者自摄）

图5-4-7　茶陵县乔下村陈家大 院陈氏五房宗祠入口
（图片来源：茶陵县住建局）

门头、门脸和牌楼式门脸的设计手法和形式特征，体现了中国传统木构建筑的特色，是传统木构建筑形式的缩影，也体现了现代符号学的设计特点。根据美国符号学的创立者、哲学家皮尔士（1839～1914年）的解释，以场所的类型为基础，对于现实世界中的现实实体而言，其作为符号的表现形式有三种[1]：一种称为图像，"它是某种借助自身和对象酷似的一些特征作为符号发生作用的东西"；另一种称为标志，"它是某种根据自己和对象之间有着某种事实的或因果的关系而作为符号起作用的东西"；再一种是象征，"这是某种因自己和对象之间有着一定惯常的或习惯的联想的'规则'而作为符号起作用的东西"。而这三种情况又往往存在着合而为一的关系。中国早期的木牌楼是以梁、柱为构架，上面有屋顶、周身有彩画装饰的构筑物。它虽然不是一座房屋，但可以是门，标志着系列空间（如一组建筑群）的开始；它身处大门的位置，但不一定起真正出入门的作用，人们可以绕它而行；它虽然是构筑物，不是房屋，但却具有典型的中国古代木构建筑的形式。所以它与中国古代建筑"有着某种事实的或因果的关系"，"有着一定惯常的或习惯的联想的'规则'"。因此牌楼既是中国建筑的一种"标志"，又是一种"象征"[2]。标志性的牌楼，不仅起到标识空间的作用，还增添了建筑的表现力和艺术魅力，所以至今还被广泛借用。

另外，与中国传统建筑大门有关的其他装饰还包括大门内外的影壁，门上的匾额、门联、门画、门神、吞口、照妖镜、八卦图、铁叉、五色布、香插和门前的泰山石敢当、元宝石、上马石、拴马桩等等。它们对于大门形象的装饰与标识作用同样体现了中国传统建筑的文化内涵和审美特点。

[1]　（英）特伦斯·霍克斯. 结构主义与符号学 [M]. 瞿铁鹏，译. 上海：上海译文出版社，1987：131.
[2]　楼庆西. 中国建筑的门文化 [M]. 郑州：河南科学技术出版社，2001：185.

这里不作详述。

　　大门具有显示建筑形象的作用，其装饰艺术的风格特征是先民们生活智慧的结晶，体现了人们的审美情趣和理想追求。可以说中国传统建筑的"门"，不仅仅是一件艺术品，而且还是多种文化和艺术的载体，如传统的哲理思想、礼制文化、民俗文化和审美精神等。门本是联系建筑内外空间环境的功能构件，但通过对"门"装饰，传统门的形制发生改变，"建筑"艺术形象的审美价值功能得以提升，文化内涵得以表现。中国传统民居是中国传统建筑的重要组成部分，其丰富的门饰艺术形式和内容，是众多"文化符号"的载体，充分体现了中国传统建筑文化的内涵。

附录 A 明清时期湘南传统乡村聚落风景"八景"集称文化景观集萃

集称文化是中国古人用"数字的集合称谓",精确、通俗、综合地体现一定时期、一定地区、一定范围、一定条件之下类别相同或相似的人物、事件、风俗、物品、自然、现象的表达方式。作为一种文化,它是人类归纳思维的结晶,是一种特殊的综合,具有高度的概括力,通俗易懂[1]。如殷人用五方划分空间和方位。《周易》中有:"是故,易有太极,是生两仪。两仪生四象,四象生八卦";"天一,地二;天三,地四;天五,地六;天七,地八;天九,地十"。战国后有五行、六合、九宫、八风、八音、八聪、八政等。再如三皇五帝、三教九流、四大美人、禅宗六祖、十八罗汉、竹林七贤、扬州八怪、十二生肖、十二时辰、文房四宝、三十六计、六十四卦、七十二候、一百零八条好汉、五岳、五岭、五湖、四海、四渎、四灵、三峡、八仙八宝、永州八记、相蓝十绝、潇湘八景、虔州八境、西湖十景,等等。明代徐霞客在其游记中说:"山之有景,即山之峦洞所标也,以人遇之而景成,以情传之而景别,故天下有四大景,图志有八景、十景。"可见,中国的集称文化历史悠久,涉之万象。

229

用"数字的集合称谓",精确、通俗、综合地表述某时、某地、某一范围的类别相同或相似的景观,则形成景观集称文化,其对应的景观即为"集称文化景观"。华南理工大学吴庆洲先生认为:景观集称文化是集称文化的子文化,按集称文化范围大小可分为自然山水景观集称文化、园林名胜景观集称文化、城市名胜景观集称文化和建筑名胜景观集称文化四个子系统[2]。湘南地区,尤其是永州地区的自然山水景观集称文化发育较早。吴庆洲先生在其多个研究成果中指出:"景观集称文化源远流长,若以自然山水景观集称而论,则唐代柳宗元之'永州八记',应为其滥觞",认为:"永州八记"[3]为"八景"之先声;自然山水景观集称发端于"永州八记"[4]。

[1] 李本达. 汉语集称文化通解大典 [M]. 海口:南海出版公司,1992: 前言.
[2] 吴庆洲. 建筑哲理、意匠与文化 [M]. 北京:中国建筑工业出版社,2005: 65.
[3] 柳宗元谪居永州 10 年间,寄情永州山水的著作有 317 篇,其中,山水游记 9 篇:始得西山宴游记、钴鉧潭记、钴鉧潭西小丘记、小石潭记、袁家渴记、石渠记、石涧记、小石城山记和游黄溪记。由于前八记遗址在永州城郊,历代文人寻胜较多,而"黄溪"距离永州古城 35 km,游人少至,故一般称"永州八记"。
[4] 吴庆洲. 建筑哲理、意匠与文化 [M]. 北京:中国建筑工业出版社,2005: 65.

中国风景之景观集称文化的起源较早，至少在魏晋南北朝时期已经萌芽。在景观集称文化中，称谓景观集合的数字是虚数。考察唐代以前景观集称文化中景点的命名格式，可以发现其景名多以二字或三字的格式出现[1]，与宋代以后"八景"名称多以四字命名景名的格式不同。虽然唐代以前诗词中描写的景观不以八景、十景、十五景或二十景归纳，不以"八景"为定型模式，但它们具有文化集称特点，可以认为是后期固定模式的风物"八景"文化景观集称的先声。"唐代景观集称文化的发展，为宋代八景文化奠定了良好的基础。"[2]自柳宗元之后，中国的自然山水"八景"景观集称文化发展迅速并逐渐定型。进入宋代，受"潇湘八景"诗画影响，中国"八景"文化迅速发展并逐渐定型，成为各地风物景观集称的普遍模式，在城市名胜景观、园林名胜景观、建筑名胜景观、自然山水景观和乡村名胜景观中广泛使用，四字结构成为景名的主要格式。如北宋有"潇湘八景"、"虔州八境"，金有"燕京八景"，南宋有"羊城八景"、"西湖十景"，元有"昆明八景"、"桂林八景"、江西饶州"东湖十景"等等。不仅如此，各地"八景"往往还配有诗、画以赞美，体现了人们对景观的移情和审美。

宋、明时期及清康熙、乾隆时期，是中国风景之"八景"文化盛行时期，但自清嘉庆以后，风景之"八景"文化开始走向衰落[3]，[4]。

明清时期，"八景"文化对湘南地区传统乡村聚落的文化景观建设影响较大。据民居中族谱及相关史料记载，明清时期湘南地区传统乡村聚落风景以"八景"集称形式命名的大致有：

1. 江永县上甘棠村古八景

江永县夏层铺镇上甘棠村始建于唐代，古八景为：独石时耕、甘棠晓读、山亭隐士、清涧渔翁、西岭晴云、昂山毓秀、龟山夕照、芳寺钟声。明朝有《甘棠八景诗》云："独石时耕景色明，甘棠晓读旧书声。山亭隐士敲棋局，清涧渔翁坐钓亭。西岭晴云浓复淡，昂山毓秀翠还清。龟山夕照纱笼晚，芳寺钟声对鹤鸣。"

2. 江永县兰溪村古八景

江永县兰溪瑶族乡黄家村兰溪瑶寨古建筑群始建于唐代，早在清康熙年间，兰溪村即有碑刻八景：蒲鲤生井、山窟藏庵、犀牛望月、天马归槽、

230

---

[1] 如：沈约《八咏诗》：登台望秋月、会圃临东风、岁暮愍衰草、霜来悲落桐、夕行闻夜鹤、晨征听晓鸿、解佩去朝市、被褐守山东。诗中所观"八景"，为二字景名格式。李白《姑孰十咏》：姑孰溪、丹阳湖、谢公宅、凌歊台、桓公井、慈姥竹、望夫山、牛渚矶、灵墟山和天门山。诗中所写景名为三字格式。

[2] 吴庆洲. 中国景观集称文化研究 [A]// 王贵祥, 贺从容. 中国建筑史论会刊（第七辑)[C]. 北京: 中国建筑工业出版社, 2013: 227-287.

[3] 邓颖贤, 刘业. "八景"文化起源与发展研究 [J]. 广东园林, 2012, 34 (02): 11-19.

[4] 张廷银. 地方志中"八景"的文化意义及史料价值 [J]. 文献, 2003 (04): 36-47.

石窦泉清、古塔钟远、亭通永富、岩虎平安。每景都赋有一首诗，都有一个美丽动人的传说，很好地概括了兰溪古村的山水美、寺庙多、道路广、人心善等特征[1]。

3. 宁远县礼仕湾村古八景

据礼仕湾村族谱记载，礼仕湾村始建于元至元年间。"古时有李氏湾八景图并有诗赋，村中八景是'云山晓斋、玉屏残雪、宜序椎唱、寒潭印月、东岭晚烟、江水涣歌、双桥落虹、古寺传钟'"[2]。

4. 宁远县下灌村古八景

宁远县湾井镇下灌村是下灌村、状元楼村和新屋里村三个紧邻的自然村的统称，开源于南北朝，古有灌溪八景：灌水涵清、文塔耸翠、松林暮烟、榜山喜雨、东山玉笋、西岭云屏、虹桥映日、凤尾翻风。

5. 江华县宝镜村古八景

江华瑶族自治县大圩镇宝镜村始建于清顺治七年（1650年），古八景为：松林淡月、槐社夕阳、虹桥锁翠、螺岫浮岗、响泉逸韵、珠塘漾碧、宝塔酣青。

6. 新田县彭梓城村古八景

新田县枧头镇彭梓城村始建于明初，古八景为：磷窍咽波、石门夜月、清泉沐犀、双峰插翠、潭天秋色、屏山听读、西岩渔隐、鳌背横桥。

7. 双牌县江村古八景

双牌县江村镇江村为镇政府所在地，古八景为：仙岩夜月、香石朝烟、龙山叠翠、漫水拖蓝、有庠晨钟、华灯暮鼓、梅江细雨、课楼宴宾。

8. 郴州市村头村古八景

郴州市北湖区鲁塘镇村头村始建于宋淳熙年间，古八景为：龙渡旗云、五马归槽、三星拜月、犀牛洗澡、筒管滴豆、燕子晗泥、乌鸦戏水、廿四云梯。

9. 汝城县土桥村古八景

汝城县土桥镇土桥村始建于元代以前，据香垣何氏族谱记载，古八景为：方塘莲媚、竹园东绿、宝塔雁名、金湖鱼跃、登云南望、封王西镇、柱山东峙、城阡北固，每景都有一首赋诗。

10. 永兴县板梁村古八景

永兴县高亭乡板梁村始建于宋末元初，古八景为：接龙虹桥、文峰宝塔、松风书韵、望夫高楼、龙泉神庙、象山拱卫、昌松官厅、回龙灵泉。

11. 衡东县南湾村古八景

衡东县荣桓镇南湾村始建于清道光年间，古八景为：锡岩仙洞、金觉神碑、双流夹镜、五马绕云、雷坡晓霞、虎丘夕照、寒潭秋月、麻姑醴泉。

---

[1]　胡功田，张官妹. 永州古村落 [M]. 北京：中国文史出版社，2006：106.
[2]　胡功田，张官妹. 永州古村落 [M]. 北京：中国文史出版社，2006：122.

附录 B 湘江流域传统村落与大屋民居分布地区及现状列表

由于历史与地理的原因，湘江流域，尤其是山区，许多传统乡村在早期现代化进程中发展缓慢，很多传统村落与大屋民居保存良好。它们大多是明清时期建造，有的村落历史可以追溯到唐代甚至更早。近年来，地方各级政府高度重视传统村落与大屋民居的保护工作，在了解区域内传统村落与大屋民居，以及相关文化景观的建设历史、现状和组织专家论证其保护价值的基础上，加强了对其保护的规章条例制定和保护工作指导，大部分传统村落与大屋民居都制定有保护规划，并鼓励居民参与维护。同时，积极组织申报"中国传统村落"，争取国家保护资金。截止到2016年底，湘江流域共有80个传统村落入选"中国传统村落"名录（湖南省共有257个）。

湘江流域传统村落与大屋民居分布地区及现状　　　　附表

市名	村落或大屋名称	乡镇名称	建设历史	保护等级	目前状态
岳阳市	张谷英大屋	岳阳县张谷英镇	明洪武四年（1371年）始建	国家级	基本完好
	黄泥湾大屋	平江县上塔市镇黄桥村	清嘉庆二十二年（1817年）始建	县级	主体保存较好
	冠军大屋	平江县虹桥镇平安村	清乾隆三十六年（1771年）	市级	基本完好
	长新村	汨罗市长乐镇	元代以前	省级	主体保存较好
浏阳市	彭家大屋	浏阳市文家镇五神村桥头组	清道光五年（1825年）始建		主体保存较好
	桃树湾大屋	浏阳市金刚镇清江村	清咸丰三年（1853年）始建	市级	人为损坏较重
	沈家大屋	浏阳市龙伏镇新开村	清同治四年（1865年）始建	市级	主体保存较好
	锦绶堂大屋	浏阳市大围山镇楚东村	清光绪二十三年（1897年）始建	国家级	自然破损
	李家大屋	浏阳市永和镇石江村	晚清	市级	主体建筑尚存

市名	村落或大屋名称	乡镇名称	建设历史	保护等级	目前状态
长沙市	北山书屋	长沙县北山镇金星村	1928 年始建	市级	主体保存较好
株洲市	乔下村陈家大院	茶陵县虎踞镇	清同治三年（1864 年）始建	市级	主体保存较好
	霍家村	炎陵县三河镇	宋宣和年间始建		主体建筑尚存
	塘旺村	炎陵县鹿原镇	1114 年始建		破坏严重
	新生村罗家老屋	炎陵县船形乡	清乾隆年间始建		主体保存较好
	云里村丕家老屋	炎陵县下村乡	清乾隆年间始建		主体建筑尚存
衡阳市	上家村	衡南县栗江镇	明嘉靖年间始建		主体建筑尚存
	大渔村	衡南县栗江镇	北宋嘉祐年间始建	国家级	主体保存较好
	宝盖村	衡南县宝盖镇	清康熙年间	省级	主体保存较好
	沙井村	祁东县风石堰镇	清嘉庆年间始建	国家级	主体保存较好
	夏浦村	衡东县甘溪镇	清道光二年（1822 年）始建	国家级	主体保存较好
	杨林村	衡东县杨林镇	始建于宋代	国家级	主体建筑尚存
	高田村新大屋	衡东县高塘乡	始建于明代	国家级	主体建筑尚存
	南湾村	衡东县荣桓镇	清道光年间	省级	主体保存较好
	草市村	衡东县草市镇	元代以前	省级	主体建筑尚存
	吴集村	衡东县吴集镇	元代以前		主体建筑尚存
	中田村	常宁市庙前镇	明末清初始建	国家级	主体保存较好
	新仓村	常宁市官岭镇	明末清初始建		主体建筑尚存
	下冲村袁家古村	常宁市罗桥镇	清康熙年间始建	县级	主体保存较好
	六图村尹氏老屋	常宁市西岭镇	清嘉庆年间始建	县级	主体建筑尚存
	上游村徐家老屋	常宁市白沙镇	始建于清代		主体建筑尚存
	上洲村	常宁市白沙镇	明万历年间始建	县级	主体建筑尚存
	栀子湾村	耒阳市南阳镇高岭村	始建于清代		主体建筑尚存
	石湾村	耒阳市公平圩镇	始建于清代中叶		主体保存较好

233

市名	村落或大屋名称	乡镇名称	建设历史	保护等级	目前状态
郴州市	小墟村	耒阳市小水镇	始建于1736年		主体保存较好
	坪洲村	耒阳市三都镇	始建于清代		主体建筑尚存
	新建村	耒阳市新市镇	明代初年始建		主体建筑尚存
	寿州村贺氏老屋	耒阳市太平圩乡	明代初年始建	县级	主体建筑尚存
	珊钿村民居建筑群（四组）	耒阳市上架乡	明代末年始建		主体建筑尚存
	板梁村	永兴县高亭乡	宋末元初始建	国家级	主体保存较好
	牛头下村	永兴县金龟镇	明朝中叶始建	县级	主体建筑尚存
	邝家村	永兴县马田镇	明朝初年始建		主体建筑尚存
	和平文子洞村	永兴县马田镇	清代初年始建	县级	主体保存较好
	东冲村	永兴县高亭镇	元代以前始建		主体建筑尚存
	柏树村	永兴县油麻乡	清代初年始建		主体建筑尚存
	魏家村	桂阳县龙潭街道溪里	南宋嘉定六年（1213年）始建	国家级	主体建筑尚存
	地界村	桂阳县太和镇	明嘉靖年间始建	国家级	主体保存较好
	大溪村	郴州市桂阳县黄沙坪	明嘉靖年间始建	省级	主体保存较好
	庙下村	桂阳县洋市镇	明万历年间始建	国家级	主体保存较好
	大湾村	桂阳县莲塘镇	元朝元季年间始建	国家级	主体建筑尚存
	鳞塘村上王家村	桂阳县荷叶镇	明朝1510年始建	国家级	主体建筑尚存
	阳山村	桂阳县正和镇	明弘治年间和明嘉靖年间始建	县级	主体保存较好
	筱塘村	桂阳县和平镇	元武宗年间始建		主体保存较好
	南衙村	桂阳县洋市镇	明朝初年始建		主体建筑尚存
	南福村	临武县汾市镇	明代末年始建	省级	主体保存较好
	上乔村	临武县麦市镇	南宋开禧年间始建		主体建筑尚存
	龙归坪村	临武县土地乡	明嘉靖年间始建	省级	主体建筑尚存
	乐岭村	临武县大冲乡	清初始建		主体保存较好
	乡油湾村	临武县大冲乡	明天顺年间始建		主体建筑尚存
	高村	汝城县马桥镇	明末清初始建		主体建筑尚存

市名	村落或大屋名称	乡镇名称	建设历史	保护等级	目前状态
郴州市	津江村民居建筑群	汝城县城郊乡	元代以前	省级	主体建筑尚存
	东溪上水东村	汝城县卢阳镇	明末清初始建	省级	主体保存较好
	外沙村	汝城县马桥镇	明成化年间始建	国家级	主体保存较好
	石泉村	汝城县马桥镇	元代以前		主体建筑尚存
	金山村	汝城县土桥镇	始建于明	省级	主体保存较好
	土桥村（三组）	汝城县土桥镇	元代以前始建	省级	主体保存较好
	沙洲瑶族村	汝城县文明镇	明嘉靖年间始建	省级	主体保存较好
	先锋村	汝城县永丰乡	元代以前始建	省级	主体保存较好
	洪流村	汝城县田庄乡	元延祐四年（1317年）始建		主体建筑尚存
	文市司背湾村（东西村）	汝城县文明镇	明洪武年间始建		主体保存较好
	腊元村	宜章县白沙圩乡	明永乐年间始建	国家级	主体保存较好
	千家岸村	宜章县长村乡	明永乐八年（1410年）始建	省级	主体保存较好
	黄家磅村	宜章县莽山瑶族乡	始建于明代	省级	主体保存较好
	樟树下村	宜章县梅田镇	清乾隆四十三年（1778年）始建	省级	主体保存较好
	才口村	宜章县白沙圩乡	始建于明代	省级	主体保存较好
	桐木湾村	宜章县白沙圩乡	明代初年始建	省级	主体保存较好
	皂角村	宜章县白沙圩乡	清代初年始建	省级	主体保存较好
	碕石村	宜章县迎春镇	明洪武年间始建	省级	主体保存较好
	五甲村	宜章县黄沙镇	明代中期始建	省级	主体保存较好
	车田大刘家村	宜章县笆篱乡	明永乐年间始建	省级	主体保存较好
	沙坪村	宜章县黄沙镇（长村乡）	始建于清代		主体建筑尚存
	樟涵新屋里村吴家大院	宜章县玉溪镇	清代中叶始建	省级	主体保存较好
	仙江村	嘉禾县石桥镇	唐开元年间始建	县级	主体建筑尚存
	雷公井村	嘉禾县珠泉镇	明朝初年始建	县级	主体建筑尚存
	石桥铺村	嘉禾县石桥镇	元朝末年始建	县级	主体建筑尚存
	英花村	嘉禾县塘村镇	元朝初年始建	县级	主体建筑尚存

市名	村落或大屋名称	乡镇名称	建设历史	保护等级	目前状态
郴州市	辰冈岭村	资兴市三都镇	宋代初年始建	省级	主体保存较好
	流华湾村	资兴市三都镇	宋代初年始建	省级	主体保存较好
	中田村	资兴市三都镇	北宋年间始建	县级	主体建筑尚存
	留家田村	资兴市清江乡	明代初年始建	市级	主体建筑尚存
	新坳村	资兴市东坪乡	南宋初年始建		主体建筑尚存
	秧田古村群落	资兴市蓼江镇	元至正年间始建		主体建筑尚存
	星塘村李家大屋	资兴市程水镇	北宋年间始建		主体保存较好
	石鼓村程氏大屋	资兴市程水镇	建于1810年	市级	主体保存较好
	陂副村	北湖区鲁塘镇	明洪武年间始建	省级	主体保存较好
	村头村	北湖区鲁塘镇	宋淳熙年间始建	省级	主体保存较好
	豪里村	北湖区华塘镇	元代天历年间始建		主体建筑尚存
	坳上村	苏仙区坳上镇	清康熙年间始建	省级	主体保存较好
	长冲村	苏仙区望仙镇	清雍正年间始建		主体保存较好
	两湾洞村	苏仙区良田镇	元代以前	省级	主体保存较好
	岗脚村李家大院	苏仙区栖凤渡镇	始建于元末明初	省级	主体保存较好
	贝溪村	桂东县贝溪乡	清代初年始建		主体建筑尚存
永州市	周家大院	零陵区富家桥镇干岩头村	明景泰年间始建	国家级	主体保存较好
	金花村蒋家大院	零陵区梳子铺乡	明天启年间始建	省级	主体保存较好
	芬香村	零陵区大庆坪乡	清末		主体建筑尚存
	老埠头街区	零陵区蔡市镇	始建于唐	省级	主体建筑尚存
	柳子街历史文化街区	永州古城潇水西岸	唐代以前是通往广西等地的驿道	国家级	主体保存较好
	下八井村古建筑群	冷水滩区普利桥镇	明末清初始建	省级	主体保存较好
	横塘村周家大院	东安县横塘镇	明末清初始建	省级	主体建筑尚存
	龙溪村李家大院	祁阳县潘市镇	明弘治年间始建	国家级	主体保存较好

市名	村落或大屋名称	乡镇名称	建设历史	保护等级	目前状态
永州市	大河江村古建筑群	双牌县茶林乡	明嘉靖年间始建	县级	主体建筑尚存
	访尧村周家大院	双牌县江村镇	明嘉靖年间始建	省级	主体建筑尚存
	塘基上村胡家大院	双牌县五里牌镇	明末清初始建	国家级	主体建筑尚存
	板桥村吴家大院	双牌县理家坪乡	明嘉靖年间始建	省级	主体保存较好
	坦田村	双牌县理家坪乡	始建于清道光十六年（1836 年）	国家级	主体建筑较好
	楼田村	道县清塘镇	北宋初年始建	省级	主体保存较好
	龙村	道县福堂乡	明末清初始建	省级	主体保存较好
	南塘尾村	道县蚣坝镇	明万历初年始建	县级	主体保存较好
	小坪村	道县清塘镇	宋政和五年（1115 年）始建		主体建筑尚存
	田广洞村	道县祥霖铺镇	元末明初始建	省级	主体保存较好
	平田村	宁远县水桥镇	1168 年始建	市级	主体保存较好
	小桃源村	宁远县禾亭镇	清代	国家级	主体建筑尚存
	久安背村	宁远县湾井镇	开源于南北朝时期南齐王朝	市级	主体保存较好
	黄家大院	宁远县九嶷山	1841 年始建	市级	主体保存较好
	大阳洞张村	宁远县天堂镇	元末明初始建	市级	主体保存较好
	牛亚岭村	宁远县瑶族乡	清末	省级	主体保存较好
	路亭村	宁远县湾井镇	始建于南宋	市级	主体保存较好
	黑砠岭村龙家大院	新田县枧头镇	宋神宗元丰年间始建	国家级	主体保存较好
	下灌村、状元楼村和新屋里村	宁远县湾井镇	开源于南北朝	省级	主体保存较好
	谈文溪村	新田县三井乡	明初始建	省级	主体保存较好
	夏源村	新田县石羊镇	明初始建	市级	主体保存较好
	河山岩村	新田县金盆圩乡	清道光年间始建	国家级	主体保存较好
	李千二村李氏大屋（李魁甲大屋）	新田县金盆圩乡	清道光三年（1823 年）始建	市级	主体保存较好

市名	村落或大屋名称	乡镇名称	建设历史	保护等级	目前状态
永州市	彭梓城村	新田县枧头镇	明初始建	市级	主体保存较好
	上甘棠村	江永县夏层铺镇	827 年始建	国家级	主体保存较好
	高家村古建筑群	江永县夏层铺镇	明清时期	市级	主体保存较好
	小河边村首家大院	江永县源口瑶族乡	明洪武二十九年（1396 年）始建	省级	主体保存较好
	桐口村	江永县上江圩镇	始建于唐代	省级	主体保存较好
	兰溪瑶寨古建筑群	江永县兰溪瑶族乡	始建于唐代	国家级	主体保存较好
	井头湾村	江华县大石桥乡	明末清初始建	国家级	主体建筑尚存
	宝镜村	江华县大圩镇	清顺治七年（1650 年）始建	国家级	主体保存较好
	滨溪村	蓝山县新圩镇	元朝初年始建	国家级	主体保存较好
	虎溪村	蓝山县祠堂圩乡	明初始建		主体保存较好
	侧树坪村	祁阳县潘市镇	明末清初始建		主体保存较好
	柏家村	祁阳县潘市镇	明末清初始建		主体保存较好
	老司里村	祁阳县潘市镇	明嘉靖年间始建		主体建筑尚存
	董家埠村汪家大院	祁阳县潘市镇	明万历年间始建		主体保存较好
	双凤村	祁阳县大忠桥镇	明末清初始建		主体建筑尚存
	蔗塘村李家大院	祁阳县大忠桥镇	始建于清光绪四年（1878 年）		主体保存较好
	竹山村王家大院	祁阳县白水镇	始建于清道光十四年（1834 年）	省级	主体保存较好
	八尺村胡家大院	祁阳县观音滩镇	清道光年间始建		主体保存较好
	八尺村刘家大院	祁阳县观音滩镇	清乾隆年间始建		主体建筑尚存

参考文献

1. 图书类

[1] 巫端书. 南方民俗与楚文化 [M]. 长沙: 岳麓书社, 1997.

[2] 方吉杰, 刘绪义. 湖湘文化讲演录 [M]. 北京: 人民出版社, 2008.

[3] 文选德. 湖湘文化古今谈 [M]. 长沙: 湖南人民出版社, 2006.

[4] 王佩良, 张茜, 曾献南. 乡土湖南 [M]. 北京: 旅游教育出版社, 2009.

[5] 张泽槐. 古今永州 [M]. 长沙: 湖南人民出版社, 2003.

[6] 张泽槐. 永州史话 [M]. 桂林: 漓江出版社, 1997.

[7] 陆大道. 中国国家地理（中南、西南）[M]. 郑州: 大象出版社, 2007.

[8] 罗庆康. 长沙国研究 [M]. 长沙: 湖南人民出版社, 1998.

[9] 湖南省文物考古研究所. 坐果山与望子岗:潇湘上游商周遗址发掘报告 [M]. 北京: 科学出版社, 2010.

[10] 何介钧, 张维明. 马王堆汉墓 [M]. 北京: 文物出版社, 1982.

[11] 杨慎初. 湖南传统建筑 [M]. 长沙: 湖南教育出版社, 1993.

[12] 张伟然. 湖南历史文化地理研究 [M]. 上海: 复旦大学出版社, 1995.

[13] 吴庆洲. 建筑哲理、意匠与文化 [M]. 北京: 中国建筑工业出版社, 2005.

[14] 吴庆洲. 中国器物设计与仿生象物 [M]. 北京: 中国建筑工业出版社, 2013.

[15] 王贵祥. 中国古代人居理念与建筑原则 [M]. 北京: 中国建筑工业出版社, 2015.

[16] 王贵祥. 匠人营国:中国古代建筑史话 [M]. 北京:中国建筑工业出版社, 2015.

[17] 贺业钜. 中国古代城市规划史 [M]. 北京: 中国建筑工业出版社, 1996.

[18] 毛况生. 中国人口·湖南分册 [M]. 北京: 中国财政经济出版社, 1987.

[19] 李茵. 永州旧事 [M]. 北京: 东方出版社, 2005.

[20] 潘谷西. 中国建筑史（第七版）[M]. 北京: 中国建筑工业出版社, 2015.

[21] 刘沛林. 古村落:和谐的人聚空间 [M]. 上海: 上海三联书店, 1997.

[22] 陆元鼎. 中国民居建筑（上、中）[M]. 广州: 华南理工大学出版社, 2003.

[23] 陆元鼎, 魏彦钧. 广东民居 [M]. 北京: 中国建筑工业出版社, 1990.

[24] 于希贤．法天象地：中国古代人居环境与风水 [M]．北京：中国电影出版社，2006.

[25] 孙伯初．天下第一村 [M]．长沙：湖南文艺出版社，2003.

[26] 张灿中．江南民居瑰宝——张谷英大屋 [M]．长春：吉林大学出版社，2004.

[27] 王衡生．周家古韵 [M]．北京：中国文史出版社，2009.

[28] 零陵地区地方志编纂委员会．零陵地区志 [M]．长沙：湖南人民出版社，2001.

[29] 吴裕成．中国的井文化 [M]．天津：天津人民出版社，2002.

[30]（清）屈大均.《广东新语》卷十九·坟语.

[31] 林徽因等著，张竟无编．风生水起：风水方家谭 [M]．北京：团结出版社，2007.

[32] 俞孔坚．理想景观探源：风水与理想景观的文化意义 [M]．北京：商务印书馆，1998.

[33] 胡功田，张官妹．永州古村落 [M]．北京：中国文史出版社，2006.

[34]（瑞士)荣格．心理学与文学 [M]．冯川，苏克，译．北京：生活·读书·新知三联书店，1987.

[35] 肖自力．古村风韵 [M]．长沙：湖南文艺出版社，1997.

[36] 刘敦桢．中国古代建筑史（第二版）[M]．北京：中国建筑工业出版社，1984.

[37] 康学伟，王志刚，苏君．中国历代状元录 [M]．沈阳：沈阳出版社，1993.

[38] 黄家瑾，邱灿红．湖南传统民居 [M]．长沙：湖南大学出版社，2006.

[39] 李晓峰，谭刚毅．中国民居建筑丛书：两湖民居 [M]．北京：中国建筑工业出版社，2009.

[40] 陆琦．中国民居建筑丛书：广东民居 [M]．北京：中国建筑工业出版社，2008.

[41] 李晓峰．乡土建筑：跨学科研究理论与方法 [M]．北京：中国建筑工业出版社，2005.

[42] 唐凤鸣，张成城．湘南民居研究 [M]．合肥：安徽美术出版社，2006.

[43] 胡师正．湘南传统人居文化特征 [M]．长沙：湖南人民出版社，2008.

[44] 章锐夫．湖南古村镇古民居 [M]．长沙：岳麓书社，2008.

[45] 彭兆荣，李春霞，徐新建．岭南走廊：帝国边缘的地理和政治 [M]．昆明：云南教育出版社，2008.

[46] 荆其敏．中国传统民居 [M]．天津：天津大学出版社，1999.

[47] 建筑大辞典编辑委员会．建筑大辞典 [M]．北京：地震出版社，1992.

240

[48] （英）Edward Burnett Tylor. *Primitive Culture*[M]. London：John Murray，1871.

[49] （美）莱斯利·A·怀特. 文化的科学——人类与文明研究 [M]. 沈原，黄克克等，译. 济南：山东人民出版社，1988.

[50] （美）A.L.Kroeber and C.Kluckhohn. *Culture: A Critical Review of Concepts and Definition*[M].London：Harvard University Press，1952：181.

[51] （瑞士）Sigfried Giedion. *Space，Time and Architecture*[M]. London：Harvard University Press，1941.

[52] （英）特伦斯·霍克斯. 结构主义与符号学 [M]. 瞿铁鹏，译. 上海：上海译文出版社，1987.

[53] 王诚. 通信文化浪潮 [M]. 北京：电子工业出版社，2005.

[54] 司马云杰. 文化社会学 [M]. 北京：中国社会科学出版社，2001.

[55] 张仁福. 大学语文——中西文化知识 [M]. 昆明：云南大学出版社，1998.

[56] 梁漱溟. 东西文化及其哲学 [M]. 北京：商务印书馆，1999.

[57] 刘进田. 文化哲学导论 [M]. 北京：法律出版社，1999.

[58] 王德胜. 美学原理 [M]. 北京：高等教育出版社，2012.

[59] 彭林. 中华传统礼仪概要 [M]. 北京：高等教育出版社，2006.

[60] 李泽厚. 华夏美学（插图珍藏本）[M]. 桂林：广西师范大学出版社，2001.

[61] 李允鉌. 华夏意匠：中国古典建筑设计原理分析 [M]. 天津：天津大学出版社，2005.

[62] 彭吉象，郭青春. 美学教程 [M]. 北京：中央广播电视大学出版社，2004.

[63] 罗哲文，王振复. 中国建筑文化大观 [M]. 北京：北京大学出版社，2001.

[64] 王增永. 华夏文化源流考 [M]. 北京：中国社会科学出版社，2005.

[65] 侯幼彬. 中国建筑美学 [M]. 哈尔滨：黑龙江科学技术出版社，2002.

[66] 梁思成文集 [M]. 北京：中国建筑工业出版社，1985.

[67] 梁思成. 中国建筑史 [M]. 天津：百花文艺出版社，2005.

[68] 吴裕成. 中国的门文化 [M]. 天津：天津人民出版社，2011.

[69] 楼庆西. 中国建筑的门文化 [M]. 郑州：河南科学技术出版社，2001.

[70] 朱广宇. 中国传统建筑门窗、隔扇装饰艺术 [M]. 北京：机械工业出版社，2008.

[71] 李本达. 汉语集称文化通解大典 [M]. 南海出版公司，1992.

[72] 陈先枢. 长沙老街 [M]. 长沙：湖南文艺出版社，1999.

[73] 余英. 中国东南系建筑区系类型研究 [M]. 北京：中国建筑工业出版社，2001.

[74] 杨华. 绵延之维：湘南宗族性村落的意义世界 [M]. 济南：山东人民出版社，2009.

241

[75] 罗国杰. 伦理学 [M]. 北京：人民出版社，1989.

[76] 伍国正. 永州古城营建与景观发展特点研究 [M]. 北京：中国建筑工业出版社，2018.

[77] 雷运富. 零陵黄田铺"巨石棚"有新发现 [A]// 刘翼平，雷运富. 零陵论 [C]. 北京：中国和平出版社，2007.

[78] 童恩正. 从出土文物看楚文化与南方诸民族的关系 [A]// 湖南省文物考古研究所. 湖南考古辑刊第三辑 [C]. 长沙：岳麓书社，1986.

[79] 周维权. 回顾与展望 [A]// 顾孟潮，张在元. 中国建筑评析与展望 [C]. 天津：天津科学技术出版社，1989.

[80] 黄善言. 湖南江华瑶族民居 [A]// 陆元鼎. 民居史论与文化：中国传统民居国际学术研讨会论文集 [C]. 广州：华南理工大学出版社，1995.

[81] 赵冬日. 我对中国建筑的理解与展望 [A]// 顾孟潮，张在元. 中国建筑评析与展望 [C]. 天津：天津科学技术出版社，1989.

[82] 王其钧. 民俗文化对民居型制的制约 [A]// 黄浩. 中国传统民居与文化（四）[C]. 北京：中国建筑工业出版社，1996.

[83] 梁启超. 什么是文化 [A]// 饮冰室合集 5·文集 39[C]. 北京：中华书局，1989.

[84] 杨岚. 文化审美的三个层面初探 [A]// 南开大学文学院编委会. 文学与文化（第 7 辑）[C]. 天津：南开大学出版社，2007.

[85] 郭黛姮. 中国传统建筑的文化特质 [A]// 吴焕加，吕舟. 清华大学建筑学术丛书：建筑史研究论文集（1946—1996）[C]. 北京：中国建工出版社，1996.

[86] 吴庆洲. 中国景观集称文化研究 [A]// 王贵祥，贺从容. 中国建筑史论会刊（第七辑）[C]. 北京：中国建筑工业出版社，2013.

[87] 伍国正，吴越，刘新德. 传统民居建筑的装饰审美文化——以湖南传统民居为例 [A]// 传统民居与地域文化 [C]. 北京：中国水利水电出版社，2010.

[88] 伍国正，吴越. 传统建筑的门饰艺术及其文化内涵 [A]// 岭南建筑文化论丛 [C]. 广州：华南理工大学出版，2010.

[89] 胡适. 我们对于西洋近代文明的态度 [A]// 季羡林. 胡适全集（第 3 卷）[C]. 合肥：安徽教育出版社，2003.

2. 期刊类

[90] 汤茂林. 文化景观的内涵及其研究进展 [J]. 地理科学进展，2000，19(01).

[91] 王云才. 传统地域文化景观之图式语言及其传承 [J]. 中国园林，2009(10).

[92] 张剑明，黎祖贤，章新平．近 50 年湘江流域干湿气候变化若干特点 [J].
灾害学，2009（04）．

[93] 安志敏．长沙新发现的西汉帛画试探 [J].考古.1973（01）．

[94] 熊传新．对照新旧摹本谈楚国人物龙凤帛画 [J].江汉论坛，1981（01）．

[95] 孙伟，杨庆山，刘捷．尊重史实——城头山遗址展示设计构思 [J].低
温建筑技术，2011（01）．

[96] 张文绪，裴安平．澧县梦溪乡八十垱出土稻谷的研究 [J].文物，1997(01).

[97] 李筱文．盘古、盘瓠信仰与瑶族 [J].清远职业技术学院学报，2014，
07（02）．

[98] 张官妹．浅说周敦颐与湖湘文化的关系 [J].湖南科技学院学报，2005
（03）．

[99] 李才栋．周敦颐在书院史上的地位 [J].江西教育学院学报，1993，14(03）．

[100] 单霁翔．浅析城市类文化景观遗产保护 [J].中国文化遗产，2010（02）．

[101] 吴庆洲．中国古建筑脊饰的文化渊源初探（续）[J].华中建筑，1997，
15（03）．

[102] 叶强．湘南瑶族民居初探 [J].华中建筑，1990（02）．

[103] 贺业钜．湘中民居调查 [J].建筑学报，1957（03）．

[104] 何光岳．饕餮氏的来源与饕餮（图腾）图像的运用和传播 [J].湖南考
古辑刊，1986（03）．

[105] 易先根．永州道县鬼仔岭巫教祭祀遗址考 [J].湖南科技学院学报，
2008，28（02）．

[106] 赵逵，白梅．湖南临湘聂市古镇国家历史文化名城研究中心历史街
区调研 [J].城市规划，2016（08）．

[107] 湖南省文物考古研究所．澧县城头山古城址 1997—1998 年度发掘简
报 [J].文物，1999（06）．

[108] 伍国正，刘新德，林小松．湘东北地区"大屋"民居的传统文化特征
[J].怀化学院学报，2006，25（10）．

[109] 伍国正，吴越．传统村落形态与里坊、坊巷、街巷：以湖南省传统村
落为例 [J].华中建筑，2007，25（04）．

[110] 伍国正，余翰武，隆万容．传统民居的建造技术——以湖南传统民居
建筑为例 [J].华中建筑，2007，25（11）．

[111] 伍国正，余翰武，周红．湖南传统村落的防御性特征 [J].中国安全
科学学报，2007，17（10）．

[112] 伍国正，吴越，刘新德．传统民居建筑的生态特性——以湖南传统民
居建筑为例 [J].建筑科学，2008，24（03）．

[113] 伍国正，吴越．传统民居庭院的文化审美意蕴：以湖南传统庭院式民

居为例 [J]. 华中建筑，2011，29（01）.

[114] 罗庆华，周红，吴越，等. 湘南传统宗族聚落形态与建筑特色研究——以祁阳县龙溪古村为例 [J]. 中国名城，2012（08）.

[115] 吴越，周红，李新海，等. 李家大院——湘南宗族聚落之魁宝 [J]. 中外建筑，2013（08）.

[116] 伍国正，周红. 永州乡村传统聚落景观类型与特点研究 [J]. 华中建筑，2014，32（09）.

[117] 王鲁民，韦峰. 从中国的聚落形态演进看里坊的产生 [J]. 城市规划汇刊，2002（02）.

[118] 刘临安. 中国古代城市中聚居制度的演变及特点 [J]. 西安建筑科技大学学报，1996，28（01）.

[119] 尤慎. 从零陵先民看零陵文化的演变和分期 [J]. 零陵师范高等专科学校学报，1999，20（04）.

[120] 尚廓，杨玲玉. 传统庭院式住宅与低层高密度 [J]. 建筑学报，1982（05）.

[121] 蔡镇钰. 中国民居的生态精神 [J]. 建筑学报，1999（07）.

[122] 刘晓光，姜宇琼. 中国建筑比附性象征与表现性象征的关系研究 [J]. 学术交流，2004（04）.

[123] 邓颖贤，刘业. "八景" 文化起源与发展研究 [J]. 广东园林，2012，34（02）.

[124] 张廷银. 地方志中"八景"的文化意义及史料价值 [J]. 文献，2003（04）.

[125] 贺晓燕. 传统民居"门文化"与中国传统文化思维模式研究 [J]. 华中建筑，2012（12）.

[126] 刘柯. 苏州传统民居门窗装饰艺术 [J]. 科技资讯，2009（06）.

3. 学位论文类

[127] 伍国正. 湘东北地区大屋民居形态与文化研究 [D]. 昆明：昆明理工大学，2005.

[128] 李娟. 唐宋时期湘江流域交通与民俗文化变迁研究 [D]. 广州：暨南大学，2010.

[129] 宁宜. 汉魏晋南北朝湖南道教发展研究 [D]. 长沙：湖南师范大学，2007.

[130] 唐晔. 湘南汝城传统村落人居环境研究 [D]. 广州：华南理工大学，2005.

[131] 谭文慧. 湘南传统民居装饰艺术研究 [D]. 长沙：湖南师范大学，2008.

[132] 成长. 江华瑶族民居环境特征研究 [D]. 长沙：湖南大学，2004.

[133] 罗维. 湖南望城靖港古镇研究 [D]. 武汉：武汉理工大学，2008.

[134] 魏欣韵. 湘南民居：传统聚落研究及其保护与开发 [D]. 长沙：湖南大学，2003.

[135] 李泓沁. 江永兰溪勾蓝瑶族古寨民居与聚落形态研究 [D]. 长沙：湖南大学，2005.

[136] 彭芸芸. 湖南江华瑶族民间宗教信仰研究 [D]. 南宁：广西师范学院，2010.

[137] 张素娟. 湘南传统聚落景观空间形态研究及文化阐释 [D]. 长沙：中南林业科技大学，2008.

[138] 孙一帆. 明清"江西填湖广"移民影响下的两湖民居比较研究 [D]. 武汉：华中科技大学，2008.

[139] 顾蓓蓓. 清代苏州地区传统民居"门"与"窗"的研究 [D]. 上海：同济大学，2007.

[140] 李媛莉. 试论苏州传统民居木雕门窗的装饰艺术特点 [D]. 苏州：苏州大学，2004.

[141] 汤毅. 湖南历史文化村镇空间形态研究——以金山村、靖港镇和张谷英村为例 [D]. 长沙：湖南师范大学，2012.

4. 报纸 / 电子类

[142] 徐海瑞. 庄稼地挖出新石器时代墓葬群 [N]. 潇湘晨报，2009-05-14，A10 版.

[143] 熊远帆. 楚文物稀世珍宝下月惊艳省博 [N]. 湖南日报，2009-04-22，01 版.

[144] 张湘辉. 道县鬼崽岭石像身世之谜 [N]. 潇湘晨报，2010-08-31，E04 版.

[145] 洪奕宜，李强. 岭南民间信仰"众神和谐" [N]. 南方日报，2010-08-27，A20 版.

[146] 欧春涛，赵荣学. 考古发现——重建永州的文明和尊严 [N]. 永州日报，2010 年 8 月 17 日，A 版.

[147] 陈建平. 湖南汝城现存 710 余座古祠堂亟待保护和开发 [EB/OL]. 中国新闻网，2012-8-8.

[148] 郴州电视台新闻联播："探秘"桂东围屋，2016-05-27.